油菜高产高效
绿色种植与加工技术

● 吴爱秋 李 岩 郭 青 王应秀 主编

中国农业科学技术出版社

图书在版编目(CIP)数据

油菜高产高效绿色种植与加工技术 / 吴爱秋等主编.
北京：中国农业科学技术出版社，2025.6. --ISBN
978-7-5116-7468-5

Ⅰ.S634.3；TS255.3
中国国家版本馆 CIP 数据核字第 20259JY059 号

责任编辑　王惟萍
责任校对　王　彦
责任印制　姜义伟　王思文

出 版 者	中国农业科学技术出版社
	北京市中关村南大街 12 号　　邮编：100081
电　　话	（010）82106643（编辑室）　　（010）82106624（发行部）
	（010）82109709（读者服务部）
网　　址	https://castp.caas.cn
经 销 者	各地新华书店
印 刷 者	北京科信印刷有限公司
开　　本	140 mm×203 mm　1/32
印　　张	5.5
字　　数	155 千字
版　　次	2025 年 6 月第 1 版　2025 年 6 月第 1 次印刷
定　　价	36.00 元

◀━━ 版权所有·翻印必究 ━━▶

《油菜高产高效绿色种植与加工技术》
编委会

主　编：吴爱秋　李　岩　郭　青　王应秀
副主编：张　专　牙语忠　姜　雅　高晓东
　　　　马安安　董　艳　张江红　鲁廷财
　　　　陈丽群　刘武华　张庆芬　赵会敏
　　　　于占江　黄　琴　吕慧慧　郭建国
　　　　龚小蒲　朱祖平　雒家其　董金慧

前　言

　　油菜是我国重要的油料作物，在保障食用油供给、推动农业经济发展和维护生态平衡等方面，发挥着不可替代的关键作用。近年来，随着人们生活水平的提高，对优质、绿色农产品的需求日益增长；同时，在全球倡导可持续发展的大背景下，农业绿色转型的步伐也在不断加快。在这样的时代浪潮中，探索油菜高产高效绿色种植与加工技术，成为农业领域的重要课题。

　　本书内容丰富、结构合理，系统性地构建了从田间到餐桌的油菜全产业链技术体系。本书共 10 章，分别为油菜产业概述、油菜品种选择与种子处理、油菜种植前的土地管理、油菜高效种植技术、油菜田间管理与调控、油菜病虫害绿色防控技术、油菜轮作技术、油菜收获与产后处理、油菜加工技术与产品开发、油菜种植模式与产业发展案例。各章内容既独立成篇又紧密衔接，既有基础理论的深入阐释，又有实用技术的详细指导，还包含来自生产一线的典型案例，形成了理论与实践并重、技术与经济结合、传统与创新融合的特色体系。

　　本书可作为油菜种植户的实操指南，也可作为农技推广人员开展绿色生产培训的教材。

　　由于时间仓促，本书在编写过程中难免存在一些不足之处，欢迎各位专家、同行和读者提出宝贵意见，以便在后续修订中不断完善。

编　者

2025 年 5 月

目 录

第一章 油菜产业概述……1
第一节 油菜的生物学特性……1
第二节 油菜的经济价值与重要性……6
第三节 我国油菜产业发展现状与趋势……9

第二章 油菜品种选择与种子处理……12
第一节 优良油菜品种特性与类型……12
第二节 油菜种子处理技术……18

第三章 油菜种植前的土地管理……23
第一节 地块选择与土壤改良……23
第二节 油菜耕整地技术……25
第三节 前茬作物影响及轮作安排……28

第四章 油菜高效种植技术……32
第一节 播种期的确定……32
第二节 油菜合理密植……35
第三节 油菜育苗移栽技术……39
第四节 油菜直播技术……46

第五章 油菜田间管理与调控……51
第一节 油菜合理灌溉与及时排水……51
第二节 油菜施肥技术与养分平衡……58
第三节 中耕除草与松土……68
第四节 植株调整与生长调控……74

第六章　油菜病虫害绿色防控技术 78
第一节　油菜绿色综合防控策略 78
第二节　油菜主要病害绿色防控技术 81
第三节　油菜主要虫害绿色防控技术 93

第七章　油菜轮作技术 103
第一节　油菜轮作的生态意义与原理 103
第二节　不同区域油菜轮作优势模式 107
第三节　油菜与主要作物轮作搭配技术 110

第八章　油菜收获与产后处理 114
第一节　收获时期与方法 114
第二节　产后干燥与储存 120

第九章　油菜加工技术与产品开发 127
第一节　油菜籽制油技术 127
第二节　油菜饼粕综合利用 132
第三节　油菜其他产品开发 138

第十章　油菜种植模式与产业发展案例 143
第一节　油菜高产高效绿色种植模式 143
第二节　油菜产业发展案例 154

参考文献 168

第一章 油菜产业概述

第一节 油菜的生物学特性

一、形态特征

（一）根

油菜的根系属于直根系，主根明显且发达，在土壤条件适宜的情况下，主根入土深度可达 1~1.5 米，能够深入土壤下层吸收水分和养分。主根上着生许多侧根，侧根向四周扩展，形成庞大的根系网络。在油菜生长初期，根系生长迅速，以促进植株扎根立苗，增强对环境的适应能力。随着植株生长，根系不断增粗，形成肉质根，具有一定的储藏养分功能，为油菜后期的生长和生殖发育储备能量。

（二）茎

油菜的茎分为幼茎和薹茎。幼茎是油菜苗期的地上部分，呈绿色，表面光滑，具有节和节间。节间较短，随着植株生长，节间逐渐伸长。当油菜进入蕾薹期后，主茎迅速伸长，形成薹茎。薹茎一般为圆柱形，颜色由绿色逐渐变为浅绿色或略带紫色，表面有蜡粉，能够减少水分蒸发。薹茎上还会产生分枝，分枝的数量和生长状况与品种、栽培条件密切相关。合理的种植密度和施肥管理能够促进分枝的生长，增加油菜的有效角果数，从而提高产量。

(三) 叶

油菜的叶在不同生育阶段形态有所差异。子叶呈肾脏形，出土后为幼苗提供初期的营养物质，随着真叶长出，子叶逐渐枯黄脱落。真叶分为苗期叶和薹茎叶。苗期叶又可细分为长柄叶、短柄叶和无柄叶。长柄叶着生在缩茎段上，叶片较大，叶柄较长，是油菜苗期进行光合作用的主要器官；短柄叶着生在伸长茎段上，叶片相对较小，叶柄较短；无柄叶着生在薹茎上，叶片直接着生在茎上，无明显叶柄，叶形多为长椭圆形或披针形。

(四) 花

油菜的花为总状无限花序，顶生或腋生（图1-1）。花朵较小，呈黄色，由花柄、花萼、花冠、雄蕊和雌蕊组成。花萼4片，绿色，呈长圆形；花冠由4片花瓣组成，呈"十"字形排列，鲜艳的黄色能够吸引蜜蜂等昆虫进行传粉。雄蕊6枚，其中4长2短，称为四强雄蕊，花药呈黄色，成熟时散出花粉。雌蕊1枚，位于花的中央，由柱头、花柱和子房组成。油菜属于异花授粉作物，主要依靠昆虫传粉，蜜蜂是其最重要的传粉媒介。

图1-1　油菜花

（五）果实和种子

油菜的果实为角果，细长条形，由果柄、果身和果喙组成。果身由2片果瓣组成，成熟时沿腹缝线开裂，释放出种子。角果的长度、宽度和着生密度是影响油菜产量的重要因素之一。一般来说，角果长、宽且着生密集的品种产量较高。油菜种子呈球形或近似球形，颜色有黑色、暗红色、红棕色等，千粒重一般在2~4克。

二、生长发育过程

（一）发芽出苗期

油菜种子在适宜的温度、水分和氧气条件下开始萌发。当温度达到3℃以上时，种子即可开始发芽，但最适宜的发芽温度为15~25℃。种子吸收足够的水分后，胚根突破种皮向下生长，形成主根，随后胚轴伸长，将子叶和胚芽推出地面，子叶展开，标志着出苗。从播种到出苗一般需要3~7天，具体时间取决于温度、土壤墒情和种子质量等因素。在发芽出苗期，保持土壤湿润、疏松透气，以及适宜的温度是关键，过高或过低的温度都会影响种子的发芽率和出苗整齐度。

（二）苗期

油菜苗期是指从出苗到现蕾前的阶段，一般持续40~60天，具体时间因品种和栽培季节而异。苗期又可分为苗前期和苗后期。苗前期主要以根系生长和叶片分化为主，植株生长较为缓慢，此阶段应注意合理施肥，增施氮肥，促进根系和叶片的生长，培育壮苗。苗后期地上部分生长加快，叶片数不断增加，植株开始进行花芽分化。

（三）蕾薹期

蕾薹期是油菜从现蕾到初花的阶段，一般持续15~30天。

此阶段是油菜营养生长和生殖生长并进的时期，植株生长迅速，薹茎快速伸长，叶片面积增大，同时花芽分化加快，花蕾逐渐形成。

（四）开花期

油菜开花期是指从初花到终花的阶段，一般持续25~30天。开花顺序是从主花序到分枝花序，从花序下部到上部依次开放。开花期是决定油菜角果数和籽粒数的关键时期，此阶段需要充足的光照、适宜的温度和湿度。温度在12~20℃时，有利于油菜开花授粉，若温度过高或过低，都会影响花粉的活力和授粉受精过程，导致角果数减少和空瘪粒增加。

（五）角果发育成熟期

角果发育成熟期是指从终花到角果成熟的阶段，一般持续25~35天。此阶段是油菜籽粒充实、积累干物质的重要时期。角果首先进行伸长和膨大，然后籽粒逐渐充实，含油量不断增加。

三、油菜对环境条件的要求

（一）温度

油菜是喜凉作物，对温度的适应性较强，但不同生育阶段对温度的要求有所不同。发芽出苗期适宜温度为15~25℃，低于3℃发芽缓慢，高于30℃发芽受到抑制。苗期较耐寒，能够忍受短期-8~-5℃的低温，但长期低温会影响幼苗生长。蕾薹期适宜温度为10~20℃，温度过低会导致薹茎生长缓慢，甚至出现冻害；温度过高则会使植株徒长，茎秆细弱。开花期对温度较为敏感，最适宜温度为12~20℃，低于10℃开花减少，高于25℃会影响花粉活力和授粉受精。角果发育成熟期适宜温度为20℃左右，温度过高或过低都会影响籽粒的充实和含油量。

(二) 光照

油菜是长日照作物，充足的光照有利于油菜的生长发育和光合作用。在苗期，充足的光照能够促进叶片光合作用，培育壮苗；蕾薹期和开花期，光照充足有利于花芽分化、开花授粉和角果发育；角果发育成熟期，良好的光照条件能够促进干物质积累，提高种子含油量。若光照不足，油菜植株会表现为茎秆细长、叶片发黄、分枝减少、角果数和籽粒数降低，导致产量下降。因此，在油菜种植过程中，要合理密植，保证植株间有充足的光照。

(三) 水分

油菜生长需要充足的水分，但不耐渍涝。在发芽出苗期，土壤含水量应保持在田间持水量的60%~70%，以保证种子顺利发芽和出苗。苗期对水分需求相对较少，但仍需保持土壤湿润，避免干旱影响幼苗生长。蕾薹期和开花期是油菜需水的关键时期，此时需水量较大，土壤含水量应保持在田间持水量的70%~80%，若水分不足，会导致蕾薹生长缓慢、花器发育不良、角果数减少。角果发育成熟期需水量逐渐减少，但仍需保持一定的土壤湿度，以促进籽粒充实，若土壤过于干旱，会造成籽粒干瘪，降低产量和品质。同时，要注意田间排水，防止渍涝，以免引起根系缺氧，导致植株生长不良甚至死亡。

(四) 土壤

油菜对土壤的适应性较广，但以土层深厚、疏松肥沃、排水良好、pH值在5.5~7.5的土壤为宜。在酸性土壤中，油菜易出现缺硼症状，影响生长发育和结实，因此需要增施硼肥。砂壤土通气性好，但保水保肥能力较差，在这种土壤上种植油菜，需要加强水肥管理；黏壤土保水保肥能力强，但通气性较差，应注意改良土壤结构，提高土壤透气性。

第二节　油菜的经济价值与重要性

一、油菜的经济价值

（一）油料价值

油菜籽是生产食用油的主要原料之一，具有极高的经济价值。油菜籽含油量一般在35%~50%，部分高油品种甚至可达55%以上。以菜籽油为代表的食用油，富含油酸、亚油酸等不饱和脂肪酸，其中油酸含量与橄榄油相近，具有保健功能，深受消费者青睐。同时，菜籽油还广泛应用于食品加工行业，如用于生产方便面、烘焙食品等，其市场需求稳定且持续增长。

（二）饲料价值

油菜在饲料领域的应用也十分广泛。除了榨油后的饼粕可作为优质蛋白饲料外，油菜的鲜草、青贮饲料同样具有较高的饲用价值。油菜鲜草鲜嫩多汁，适口性好，粗蛋白含量可达18%左右，富含维生素和矿物质，是牛、羊、猪等家畜良好的青绿饲料。在我国南方地区，部分养殖户将油菜作为冬季青绿饲料进行种植，有效解决了冬季饲料短缺的问题。此外，油菜还可通过青贮、干草调制等方式制成储备饲料，延长其供应期。青贮油菜饲料具有气味酸香、营养丰富、保存时间长等优点，能够为家畜提供稳定的营养来源，降低养殖成本，提高养殖效益。

（三）工业价值

油菜在工业领域也展现出巨大的潜力。油菜籽榨取的菜籽油经过深加工后，可生产生物柴油。生物柴油是一种清洁可再生能源，具有与石化柴油相似的燃烧性能，且含硫量低、闪点高、生物降解性好，能够有效减少汽车尾气中有害物质的排放，对改善大气环境质量具有重要意义。随着全球对能源安全和环境保护的重视，生物柴油产业发展迅速，油菜作为生物柴油的重要原料作物，其工业价值日益凸显。此外，油菜籽中的芥酸是一种重要的工业原料，可用于生产润滑剂、增塑剂、表面活性剂等化工产品；油菜花粉含有丰富的蛋白质、氨基酸、维生素等营养成分，可用于生产保健品和化妆品，进一步拓宽了油菜的工业应用领域。

(四) 观光价值

近年来，随着乡村旅游的蓬勃发展，油菜的观光价值逐渐被挖掘。每到春季，成片的油菜花竞相开放，形成金黄色的花海，极具观赏价值，吸引了大量游客前往观赏（图1-2）。我国多地依托油菜种植资源，打造了以油菜花海为主题的乡村旅游景区，如江西婺源、云南罗平、青海门源等，通过举办油菜花节、摄影比赛等活动，吸引游客前来观光旅游，带动了当地餐饮、住宿、交通等相关产业的发展，促进了农民增收和农村经济繁荣。

图1-2　油菜花景区

二、油菜的重要性

（一）保障国家粮油安全

我国是人口大国，对食用油的需求量巨大。油菜作为我国重要油料作物，在保障国家粮油安全方面发挥着关键作用。扩大油菜种植面积、提高油菜单产和含油量，能够有效增加国内菜籽油产量，降低对进口植物油的依赖，保障国家粮油供应的稳定性和安全性。此外，油菜具有适应性强、种植范围广的特点，可利用冬闲田、盐碱地、荒地等边际土地进行种植，不与粮食作物争地，在提高土地利用率的同时，增加了食用油的自给能力，对维护国家粮食安全战略具有重要意义。

（二）促进农业产业结构调整

油菜种植在优化农业产业结构方面具有重要作用。在我国许多地区，油菜已成为冬季农业生产的主要作物之一，与水稻、小麦等粮食作物进行轮作，形成了"稻—油""麦—油"等高效种植模式。这种轮作模式不仅能够充分利用土地资源和光热资源，提高土地复种指数，还能改善土壤结构，减少病虫害发生，提高农作物的整体产量和品质。同时，油菜产业的发展还带动了种子繁育、油料加工、饲料生产、物流运输等相关产业的发展，促进了农业产业链的延伸和融合，推动了农业产业结构从单一的种植结构向多元化、产业化方向发展，提高了农业产业的综合效益和市场竞争力。

（三）助力农民增收致富

油菜种植是农民增收的重要途径之一。一方面，油菜籽的销售为农民带来了直接的经济收入。随着油菜种植技术的不断提高和市场价格的稳定，农民通过种植油菜能够获得较为可观的收益。另一方面，油菜产业的发展还创造了大量的就业机会，从油菜种植、田间管理到收获加工，以及相关的旅游服务等环节，都需要大量的劳动力参与，为农民提供了就近就业的机会，增加了农民的工资性收入。此外，通过发展油菜观光旅游、油菜籽深加工等产业，进一步拓宽了农民的增收渠道，提高了农民的收入水平，对推动农村经济发展、实现乡村振兴战略目标具有重要意义。

（四）生态环境保护

油菜在生态环境保护方面也发挥着积极作用。油菜根系发达，能够有效固土保水，减少水土流失，改善土壤结构。同时，油菜作为绿肥作物还田后，能够增加土壤有机质含量，提高土壤肥力，减少化肥使用量，降低农业面源污染。此外，油菜具有较强的抗逆性，能够在一些环境条件较差的土地上生长，对盐碱地、荒地等边际土地的改良具有一定的作用。在冬季种植油菜，还可以减少裸露土地面积，降低扬尘污染，改善大气环境质量。因此，油菜的种植和发展对于保护生态环境、促进农业可持续发展具有重要的现实意义。

第三节　我国油菜产业发展现状与趋势

一、我国油菜产业发展现状

（一）生产规模与区域分布

油菜在我国油料作物中占据重要地位，其产油量占国产油料作物的50%左右。近年来，我国油菜播种面积和产量持续平稳增长，面积由2021年1.05亿亩增加至2023年1.17亿亩（1亩≈667米^2)，总产量由1 471.35万吨增长至1 631.74万吨。

油菜主产区集中于长江流域、黄淮海地区和西北地区。长江流域凭借得天独厚的水热条件，成为油菜核心种植带，四川、湖北等地油菜种植面积连年攀升。随着双低油菜品种推广，"油—稻轮作"模式在南方地区广泛应用，不仅提高了土地利用率，还实现了粮油双丰收，保障了国家食用油安全。

（二）品种与技术应用

我国油菜育种领域成果丰硕，成功培育出众多抗病、抗倒伏、高油酸品种，部分品种含油率达到国际先进水平。例如，2023—2024 年，湖北省荆门市高油酸油菜种植面积已突破 50 万亩，整体连片标准化种植基地达 5 万亩，这一规模达到全国其他地区高油酸油菜种植面积总和的 5 倍。

机械化采收品种的研发，为全程机械化生产奠定基础。然而，在一些偏远山区和小规模种植区域，仍存在依赖人工播种、收割的现象，机械化率远低于小麦、水稻等作物，制约着油菜产业的现代化发展。

（三）加工与产业链

菜籽油在我国国产植物油消费结构中占据重要地位，约占国产植物油消费比重的 40%，是百姓日常生活中的主要食用油之一。但目前油菜籽精深加工环节较为薄弱，菜籽蛋白、生物活性物质等高附加值产品开发不足，导致资源综合利用率较低。虽然"天府菜油"等区域品牌逐渐受到关注，但在国际市场上，国产菜籽油品牌的影响力较小，与国际知名品牌相比，在品牌知名度、产品竞争力等方面均存在较大差距，缺乏国际市场竞争优势。

二、我国油菜产业发展趋势

（一）生产环节优化

随着土地流转政策持续推进，油菜种植向规模化、集约化方向发展,新型农业经营主体不断涌现。同时,轻简化栽培技术广泛应用,无人机播种、变量施肥等技术降低了生产成本,提高了生产效率。绿色生态种植模式成为发展主流,减肥减药、秸秆还田等技术的推广,既保护了农业生态环境,又符合"双碳"目标要求,推动油菜产业可持续发展。

(二)产业链延伸与升级

油菜籽高附加值产品开发前景广阔,菜籽蛋白具有良好的营养特性和功能特性,在食品、饲料领域的应用潜力巨大。通过开发菜籽蛋白饮料、高蛋白饲料等产品,可显著提升油菜产业附加值。此外,油菜观光农业蓬勃发展,各地依托油菜花资源举办油菜花节、田园旅游等活动,实现了农业与旅游、文化产业的深度融合,拓展了农民增收渠道。

(三)科技驱动创新

分子育种技术在油菜品种改良中发挥关键作用,通过基因编辑、分子标记辅助育种等技术,能够快速培育出适应不同气候条件的抗逆品种,提高油菜含油率和品质。物联网、大数据等信息技术在油菜生产中的应用日益深入,通过田间传感器实时监测土壤墒情、气象数据等信息,实现精准灌溉、施肥和病虫害防治,推动油菜种植向智能化、数字化方向迈进。

第二章 油菜品种选择与种子处理

第一节 优良油菜品种特性与类型

一、优良油菜品种的特性

(一) 高产性

优良油菜品种在适宜的种植条件下,能够实现较高的单位面积产量。其具备较强的光合效率,能充分利用阳光、水分和养分等资源,制造并积累更多的光合产物。如一些杂交油菜品种,通过杂种优势,有效角果数、每角粒数和千粒重等产量构成因素得到优化,进而显著提高产量。以'中油杂19'为例,在合理栽培管理下,其产量表现优于许多普通油菜品种。

(二) 高含油性

高含油量是优良油菜品种的重要特征之一。油菜籽含油量的高低直接影响菜籽油的产出量和经济效益。目前,部分优质油菜品种的含油量已突破50%,如'浙大649'含油量高达50.89%。这些品种通过遗传改良,优化了油脂合成代谢途径相关基因的表达,促使更多光合产物转化为油脂储存于种子中。

(三) 抗病性

能抵抗多种常见病害,减少因病害造成的产量损失和品质下降。例如,一些品种对油菜菌核病、病毒病、霜霉病等具有较强的抗性。其抗病机制包括物理防御（表皮组织结构紧密，阻碍病原菌侵入）和化学防御（产生抗菌物质、植保素等抑制病原菌生长）。像'德名油700'就具备抗病毒病、低抗作物菌核病的特性。

（四）抗逆性

1. 抗寒性

在低温环境下能正常生长发育，避免或减轻冻害影响。一些冬油菜品种通过调节细胞内物质浓度（积累脯氨酸等渗透调节物质）、改变膜脂组成（增加不饱和脂肪酸含量，提高膜的流动性）等方式，增强自身抗寒能力，像'秦优1618'抗寒性较强，适宜在冬季较寒冷地区种植。

2. 抗旱性

在干旱条件下，优良油菜品种能通过根系形态和生理调节适应缺水环境。如根系发达，根冠比大，能深入土壤吸收更多水分；同时，叶片气孔导度降低，减少水分蒸腾散失，维持植株水分平衡。

3. 抗倒伏性

具有较强的茎秆强度和合理的株型结构。茎秆机械组织发达，木质化程度高，不易折断；株高适中，分枝部位合理，重心较低，在遭遇风雨等恶劣天气时，能保持植株直立生长，保证光合产物的正常运输和积累，如'中双11号'等品种抗倒伏能力良好。

（五）优质性

1. 低芥酸

芥酸含量低，符合健康食用油标准。传统油菜品种中芥酸含量较高，长期食用可能对人体健康产生不利影响。而双低油菜（低芥酸、低硫苷）品种，芥酸含量大幅降低，一般低于3%，甚至有些品种如'德名油700'食用油芥酸含量仅0.125%，其菜籽油品质更优，更有益于人体健康。

2. 低硫苷

硫苷含量低，使油菜籽饼粕更适宜作为饲料。高硫苷油菜籽饼粕中的硫苷降解产物会对动物产生不良影响，如引起甲状腺肿大等。低硫苷油菜品种的饼粕毒性降低，蛋白质等营养成分可更好地被动物利用，提高了油菜籽的综合利用价值。

（六）适宜机械化

随着农业机械化发展，优良油菜品种需适应机械作业。其植株高度适中且整齐一致，分枝角度合理，角果着生角度便于机械收割，不易落粒，且抗裂荚性强，如'大地199'具有抗裂荚特性，能减少机械收获过程中的损失，提高收获效率和收获质量。

二、油菜的主要优良品种

（一）'中油杂19'

'中油杂19'是中国农业科学院油料作物研究所选育的双低菜籽油品种。该品种具备突出的高产特性，在长江流域冬油菜区种植，平均亩产可达200~250千克，较普通品种增产15%~20%。其含油量较高，种子芥酸含量低于1%，硫苷含量低于30微摩尔/克，符合国家双低油菜标准，油品质佳，深受市场欢迎。'中油杂19'适应性强，抗寒性良好，能较好地抵御长江流域冬季的低温环境；抗倒伏能力也较为出色，即便遭遇大风天气，也能保持植株直立生长，减少因倒伏造成的产量损失。在种植过程中，适宜育苗移栽，9月中旬播种育苗，10月中下旬移栽，亩种植密度8 000~10 000株，需注意合理施肥，重施底肥，早施苗肥，以促进其生长发育。

（二）'浙双72'

'浙双72'是浙江省农业科学院作物与核技术利用研究所选

育的甘蓝型半冬性常规双低油菜品种。该品种早熟，全生育期约220天，适合在长江流域及南方冬油菜区种植。'浙双72'产量稳定，一般亩产在160~200千克。其突出优势在于含油量高，达45%~48%，出油率高，经济效益好。此外，'浙双72'抗逆性强，对菌核病和病毒病有较好的抗性，能够减少病害发生对产量和品质的影响。在种植上，适宜直播，10月上中旬播种，亩播种量0.2~0.3千克，播种后及时进行间苗、定苗，保持合理的种植密度，同时加强田间管理，做好病虫害防治工作。

（三）'浙油杂1510'

'浙油杂1510'表现优异，在长江流域冬油菜区尤为突出。它属甘蓝型半冬性三系杂交油菜品种，株高165~175厘米，植株紧凑，分枝佳且部位低。叶片深绿宽大厚实，光合作用强。产量潜力大，正常亩产200~250千克，高产田超300千克。角果长且粗壮，每角粒数多，千粒重较高。含油量达45%~48%，菜籽油品质优，芥酸和硫苷含量低。抗寒性好，能抗长江流域冬季低温，对菌核病和病毒病有一定抗性。栽培适宜育苗移栽，9月中旬育苗，10月中下旬移栽，亩植8 000~10 000株，注重水肥与病虫害防治。

（四）'宁R101'

'宁R101'由江苏省农业科学院培育，是甘蓝型中熟杂交油菜品种，全生育期238天。植株高大，株高179.2厘米，分枝点高55.7厘米，一次有效分枝数7.6个。单株有效角果数397.1个，每角粒数22.9粒，千粒重4.00克，含油量43.67%，芥酸和硫苷含量低。对菌核病抗性中等，抗磺酰脲类除草剂，抗寒与抗倒性良好。第一生长周期亩产192.52千克，较'秦优10号'增产4.15%。苏北9月15日左右、苏中9月20日左右、苏南9月25日左右播种，移栽亩植0.8万株，直播亩植2万株，重施基肥，防治病虫害，特殊年份成熟期有倒伏风险。

(五)'秦优1618'

'秦优1618'由陕西省杂交油菜研究中心育成,属半冬性中晚熟甘蓝型品种,黄淮区生育期235天。株高168厘米,有效分枝部位56厘米,单株有效角果250个,角粒数23粒,千粒重4.25克,籽粒黑褐色。含油量46.76%,芥酸含量0%,硫苷含量27.65微摩尔/克。低感菌核病,中抗病毒病与白粉病,抗倒、抗寒及抗裂荚性强。第一生长周期亩产227.0千克,比秦优7号增产8.30%。9月中、下旬在黄淮区直播,10月中、下旬于长江流域直播,合理密植,注重施肥与病虫害防治,为油菜产业发展助力。

(六)'华油杂62'

'华油杂62'是华中农业大学选育的甘蓝型半冬性细胞质雄性不育三系杂交种。它具有高产、优质、广适的特点,在不同生态区域种植均表现良好。一般亩产可达200~280千克,高产田块甚至突破300千克。'华油杂62'的种子含油量高达46%~49%,且芥酸、硫苷含量低,油品质上乘。该品种抗倒伏能力强,茎秆粗壮,根系发达;对菌核病和病毒病也有一定的抗性。在种植时,可采用育苗移栽或直播方式,育苗移栽9月中旬播种,直播10月上旬播种,种植过程中需注意合理密植,加强水肥管理,及时防治病虫害,以充分发挥其品种优势。

(七)'秦优10号'

'秦优10号'是陕西省杂交油菜研究中心选育的甘蓝型半冬性细胞质雄性不育三系杂交种,在黄淮流域冬油菜区广泛种植。该品种生长势强,植株高大,分枝多,角果长,具有较高的产量潜力,平均亩产在200~250千克。'秦优10号'含油量较高,达45%左右,油质优良。其抗寒性强,能够适应黄淮地区冬季相对寒冷的气候条件;同时抗倒伏性也较好。在种植方面,适宜育苗移栽,9月上中旬播种育苗,10月中旬移栽,亩种植密度

6 000~8 000株，要注重基肥的施用，配合施用磷、钾肥和硼肥，以提高油菜的生长质量和产量。

（八）'阳光131'

'阳光131'是由中国农业科学院油料作物研究所选育的甘蓝型半冬性常规油菜品种。该品种早熟，生育期比对照品种短3~5天，有利于后茬作物的种植安排。'阳光131'产量表现良好，一般亩产180~220千克。其含油量高达48%~50%，且油质优，芥酸和硫苷含量低。此外，'阳光131'抗倒性强，抗寒性和抗病性也较为突出，综合抗逆能力强。种植时可直播或育苗移栽，直播在9月下旬至10月上旬进行，亩播种量0.2~0.3千克；育苗移栽在9月中旬播种，10月中下旬移栽，种植过程中加强田间管理，及时中耕除草，合理施肥浇水，可有效提高产量和品质。

（九）'沣油737'

'沣油737'是湖南亚华种业科学研究院选育的甘蓝型半冬性细胞质雄性不育三系杂交种。该品种具有高产、稳产的特点，在长江中游地区种植，平均亩产可达200~240千克。'沣油737'含油量较高，达45%~47%，芥酸和硫苷含量符合国家双低油菜标准，油品质好。它抗倒伏能力强，根系发达，茎秆坚韧；对菌核病和病毒病有一定的抗性。在栽培上，适宜育苗移栽，9月中旬播种育苗，10月中下旬移栽，亩种植密度8 000~10 000株；也可直播，10月上旬播种，亩播种量0.2~0.3千克，种植过程中注意防治病虫害，及时追肥，以保证油菜的正常生长和发育。

（十）'德油6号'

'德油6号'是四川省德农正成种业有限公司选育的甘蓝型半冬性细胞质雄性不育三系杂交种，主要在长江上游地区种植。该品种生长势旺，植株整齐，分枝部位低，角果多，产量较高，一般亩产180~230千克。'德油6号'含油量达43%~46%，油质较好。它抗寒性较强，能适应长江上游地区冬季的低温环境；同时抗倒伏性也不错。在种植时，适宜育苗移栽，9月上旬播种育苗，10月中旬移栽，亩种植密度7 000~9 000株，种植过程中要注意施足基肥，早施苗肥，增施硼肥，以提高油菜的结实率和产量。

第二节　油菜种子处理技术

油菜种子处理是确保油菜优质高产的重要基础环节，科学合理的处理方法能够有效提高种子发芽率、增强幼苗抗逆性、减少病虫害发生，为油菜生长发育创造良好条件。

一、晒种

晒种是油菜种子播前处理的第一步，操作简单但作用显著。在晴天，选择地势高燥、阳光充足且通风良好的地方，将油菜种子均匀摊开在干净的苇席、帆布或塑料薄膜上，厚度以3~5厘米为宜，避免过厚影响晾晒效果。每隔1~2小时翻动1次种子，使种子受热均匀，确保晾晒充分。一般连续晾晒2~3天即可。

晒种的原理在于，通过阳光照射和空气流通，降低种子含水量，使种子呼吸作用减弱，处于休眠状态的种子逐渐苏醒，酶的活性得到提高，从而打破种子休眠，增强种子活力。同时，阳光中的紫外线具有杀菌消毒作用，能够有效杀灭种子表面携带的病菌和虫卵，减少病虫害的传播风险。经过晒种处理的油菜种子，发芽率高且发芽整齐，幼苗生长健壮，根系发达，抗逆性增强，为油菜的后续生长奠定良好基础。

二、选种

选种的目的是去除种子中的瘪粒、病粒、杂质等，保证种子

第二章 油菜品种选择与种子处理

的纯度和饱满度，提高种子的质量和播种后的出苗率。常见的选种方法主要有风选、筛选和水选。

（一）风选

利用风力将轻的杂质和瘪粒吹走，留下饱满的种子。可在室外选择风力适中的天气，将种子置于高处，借助自然风力吹动，使种子与杂质分离；也可使用风车等工具进行风选，通过调节风车的转速和风向，将杂质和瘪粒吹出，收集饱满的种子。风选操作简便、效率高，适用于大规模种子处理。

（二）筛选

根据油菜种子的大小，选择合适孔径的筛子进行筛选。将种子倒入筛子中，通过不断晃动筛子，使种子与杂质分离，小的杂质和瘪粒从筛孔漏下，饱满的种子留在筛子上。筛选能够有效去除与种子大小差异较大的杂质和瘪粒，提高种子的纯净度，但对于与种子大小相近的病粒和秕粒，筛选效果有限。

（三）水选

将种子放入清水中，搅拌均匀后静置一段时间。由于瘪粒、病粒和杂质的比重较小，会漂浮在水面，而饱满的种子比重较大，会沉入水底。然后将漂浮在水面的杂质和瘪粒捞出，将沉在水底的种子捞出晾干备用。为了提高水选效果，也可用1%盐水选种，即每1 000克水加食盐100克溶解后，将500~700克油菜籽倒入盐水中搅拌，等水停止后，捞出杂质、菌核、空粒等。但需注意，水选后的种子要及时用清水冲洗干净，以免盐分对种子发芽产生不良影响。水选种效果好，但操作相对烦琐，且需要耗费一定的水资源。

三、消毒

消毒是为了杀灭种子表面和内部携带的病原菌，预防苗期病害的发生，如猝倒病、立枯病、霜霉病等。常用的消毒方法有药剂浸种、药剂拌种和温汤浸种。

(一) 药剂浸种

根据不同的防治对象选择合适的药剂。如用10%的盐水溶液浸种10~15分钟，可有效杀灭种子表面的菌核；用50%多菌灵可湿性粉剂500倍液浸种1~2小时，能够防治油菜苗期的多种真菌性病害；用25%甲霜灵可湿性粉剂800倍液浸种30分钟，对防治油菜霜霉病有较好效果。浸种时，要严格按照药剂使用说明控制药剂浓度和浸种时间，浸种后用清水将种子冲洗干净，以免药剂残留影响种子发芽。

(二) 药剂拌种

将药剂与种子按照一定的比例均匀混合，使药剂在种子表面形成一层保护膜，起到防治病虫害的作用。常用的药剂有70%甲基硫菌灵可湿性粉剂、50%福美双可湿性粉剂等。一般每10千克种子用30~50克药剂，先将药剂与少量细土或细砂混合均匀，再与种子充分拌匀。药剂拌种操作简便，能够有效防治地下害虫和苗期病害，但要注意药剂的选择和用量，避免因药剂过量影响种子发芽和幼苗生长。

(三) 温汤浸种

将种子放入50~55℃的温水中，不断搅拌，使种子受热均匀，保持水温10~15分钟后，将种子捞出放入冷水中冷却。温汤浸种利用高温杀死种子表面和内部的病原菌，同时又不影响种子的发芽能力。温汤浸种时，要严格控制水温，水温过高会烫伤种子，影响发芽；水温过低则达不到消毒效果。此外，浸种时间也要掌握好，时间过长会使种子吸水过多，影响种子的呼吸作用，导致发芽率降低。

四、浸种催芽

浸种催芽能够使种子在适宜的条件下快速吸水膨胀，促进种子内部的生理生化反应,加快种子发芽速度,提高发芽整齐度。

(一)浸种

将经过选种和消毒处理的种子,放入清水中浸泡。一般情况下,油菜种子浸种时间为8~12小时,使种子充分吸水膨胀。浸种过程中,要注意更换清水,保持水质清洁,防止水质恶化影响种子发芽。对于一些种皮较厚的油菜品种,可适当延长浸种时间,但要避免浸种时间过长导致种子腐烂。

(二)催芽

将浸种后的种子捞出,用湿布或麻袋包好,放在20~25℃的环境中进行催芽。催芽过程中,每天用清水冲洗种子1~2次,保持种子湿润,同时翻动种子,使种子受热均匀。当大部分种子露白时,即可进行播种。催芽时间一般为1~2天,具体时间因品种和环境条件而异。催芽后的种子播种后能够快速出苗,缩短出苗时间,减少土壤中病原菌对种子的侵害,提高幼苗的成活率。

五、种子包衣

种子包衣是近年来广泛应用的一项种子处理技术,它是将含有农药、肥料、植物生长调节剂、成膜剂等成分的种衣剂均匀地包裹在种子表面,形成一层薄膜。种衣剂中的农药能够有效防治地下害虫和苗期病害;肥料可以为种子发芽和幼苗生长提供养分;植物生长调节剂能够促进种子发芽和幼苗生长,增强幼苗的抗逆性。

种子包衣的操作方法主要有机械包衣和人工包衣2种,这2种方法各有特点,适用于不同的生产场景。

(一)机械包衣

机械包衣依托专业的种子包衣机械设备,如滚筒式包衣机、搅拌式包衣机等,实现高效、精准的包衣作业。以滚筒式包衣机为例,其工作流程如下:将油菜种子和种衣剂按照规定的比例分别加入包衣机的种子仓和药剂仓中;启动机器后,种子在滚筒的转动下不断翻滚,种衣剂通过喷头均匀喷洒在种子表面,随着滚筒的持续转动,种衣剂在种子表面逐渐形成均匀的薄膜;在包衣过程中,可通过调节滚筒的转速、药剂的喷洒量以及包衣时间等参数,确保包衣质量。机械包衣效率极高,每小时可处理数吨种子,适用于种子生产企业、大型种植基地等大规模种子处理场景,能够保证种子包衣的一致性和稳定性,降低人工成本,提高生产效率。但机械包衣设备价格较高,初期投资较大,且需要专业人员进行操作和维护。

(二) 人工包衣

人工包衣适用于小规模的种子处理,常见的方法有塑料袋包衣法和容器包衣法。塑料袋包衣法操作简单,只需准备一个干净的塑料袋,将一定量的油菜种子和适量的种衣剂放入袋中,扎紧袋口后,通过人工反复揉搓、摇晃塑料袋,使种衣剂均匀包裹在种子表面。容器包衣法是将种子和种衣剂放入一个较大的容器(如大盆、木桶等)中,用木棒或铲子等工具不断搅拌,直至种子包衣均匀。人工包衣虽然操作相对烦琐,效率较低,但灵活性强,无须特殊设备,适合小型种植户或试验田使用。在人工包衣过程中,操作人员需注意做好个人防护,佩戴口罩、手套等防护用品,避免种衣剂接触皮肤和呼吸道,防止中毒事件发生。

无论采用机械包衣还是人工包衣,都必须严格遵循种衣剂的使用说明,精确控制用量和包衣方法。用量过少,无法达到预期的防治病虫害和提供养分的效果;用量过多,则可能对种子发芽和幼苗生长产生抑制作用,甚至造成药害。同时,要确保种衣剂均匀包裹在种子表面,避免出现包衣不均的情况,否则会影响种子的出苗率和幼苗的生长整齐度。此外,包衣后的种子不宜长时间存放,应尽快播种,以免种衣剂中的有效成分分解失效。

第三章 油菜种植前的土地管理

第一节 地块选择与土壤改良

一、油菜地块选择

油菜适应性强,但对土壤条件有一定要求。理想地块需具备土层深厚、肥沃疏松、杂草少且排水良好的土壤条件。深厚土层利于根系深扎吸收养分,肥沃疏松土壤保证通气透水与养分供给,杂草少可减少竞争,良好排水能避免积水烂根。同时,要规避低洼、积水及盐碱地,前者易引发根系缺氧病害,后者抑制种子发芽与植株生长。

此外,油菜不耐连作,与麦类、豆类等作物合理轮作,无论是旱地还是水地轮作倒茬,都能有效平衡土壤养分,减少病虫害滋生,为油菜生长营造健康的土壤环境,保障其生长发育与产量品质。

二、土壤改良

(一)增施有机肥

增施有机肥是改良土壤的重要措施。有机肥包括农家肥、绿肥、商品有机肥等,富含大量有机质和多种养分。农家肥如厩肥、堆肥等,经过腐熟后施入土壤,可增加土壤有机质含量,改善土壤结构，提高土壤保水保肥能力。绿肥是将新鲜植物直接翻压入土，如紫云英、苕子等，它们在土壤中分解后，既能补充有机质，又能提供氮素等养分。商品有机肥经过加工处理，养分含量稳定，使用方便。有机肥的施用量一般每亩1 500~2 000千克，结合深耕翻入土壤，可有效提升土壤肥力，为油菜生长提供长效养分。

（二）调节土壤酸碱度

当土壤酸碱度不适宜油菜生长时，需进行调节。对于酸性土壤，可施用石灰来中和酸性。石灰的施用量根据土壤酸度而定，一般每亩施用50~100千克，在耕整地前均匀撒施，然后翻耕入土。施用石灰不仅能调节土壤pH值，还能增加土壤中钙的含量，改善土壤结构。对于碱性土壤，可施用石膏、硫磺粉等进行改良。石膏能与土壤中的碳酸钠反应，降低土壤碱性；硫磺粉在土壤中氧化后形成硫酸，中和碱性。调节土壤酸碱度应循序渐进，避免过度调节对土壤和油菜造成不良影响。

（三）补充土壤微量元素

油菜生长除了需要大量元素外，还对硼、锌、钼等微量元素有需求。土壤中微量元素缺乏会影响油菜的正常生长发育，导致花而不实、生长迟缓等问题。通过土壤检测确定微量元素缺乏情况后，有针对性地进行补充。例如，硼肥可作基肥施用，每亩用硼砂0.5~1千克，与有机肥或细土混合均匀后撒施；锌肥可采用硫酸锌，每亩用量1~2千克，作基肥或种肥施用。在油菜生长过程中，也可通过叶面喷施的方式补充微量元素，提高肥料利用率。

（四）改善土壤结构

对于板结的土壤，可通过添加土壤改良剂或进行深耕深松来改善结构。土壤改良剂如腐殖酸类、聚丙烯酰胺等，能促进土壤团粒结构的形成,增加土壤孔隙度,提高土壤通气透水性。深耕深松则打破土壤紧实层,一般深耕深度为 20~30 厘米,深松深度可达 30~50 厘米。深耕深松后,土壤变得疏松,有利于油菜根系下扎,增强根系活力,同时也有利于土壤微生物的活动,促进土壤养分转化。此外,合理的轮作和间作套种也有助于改善土壤结构,减少病虫害发生,提高土壤肥力。

第二节 油菜耕整地技术

一、油菜耕整地的目的

(一) 优化土壤物理结构

长期种植与农事活动易使土壤板结,孔隙度降低,通气透水性变差。通过深耕、深松等方式,打破紧实土层,疏松土壤,增加孔隙度,让空气和水分自由流通。这为油菜根系生长创造空间,利于根系下扎,增强固着能力与抗倒伏性。同时,耕整地可恢复土壤团粒结构,团粒结构良好的土壤保水保肥能力强,既能储存水分,又能吸附保存养分,减少流失,提高养分有效性与利用率。

(二) 实现高效养分管理

当前秸秆还田技术普及,耕整地时将前茬作物秸秆翻埋入土,可增加土壤有机质含量。秸秆经微生物分解转化为腐殖质,提升土壤肥力,为油菜提供长效养分。翻埋杂草,既能避免其与油菜争夺资源,又能通过腐烂补充养分。此外,耕整地时施入的基肥与土壤充分混合,均匀分布于耕作层,防止烧苗,确保油菜根系在耕作层内都能吸收充足养分,促进植株均衡生长。

(三) 有效防控病虫害

很多病虫害会在土壤或病残体中越冬、越夏，成为油菜种植的潜在威胁。耕整地将病残体深埋，使其难以存活传播病菌虫卵；破坏害虫栖息与越冬场所，打乱生活史，降低害虫基数。像蛴螬、金针虫等地下害虫，深耕后暴露地表，易被天敌捕食或因环境不适死亡，从而减少病虫危害，降低农药使用量，践行绿色种植理念。

(四) 保障田间管理便利

合理地作畦开沟，可在降雨后迅速排出田间积水，避免油菜根系因缺氧腐烂引发病害，尤其对地势低洼易积水地区意义重大。同时，规整的畦面与沟渠，便于后续播种、施肥、灌溉、中耕除草等农事操作，提升农业生产效率与质量。精细耕整后的平整细碎土壤，还能为油菜播种打造优质苗床，利于种子均匀分布、顺利发芽出苗，保障苗齐、苗匀、苗壮，为高产稳产筑牢根基。

二、油菜耕整地的步骤

油菜耕整地步骤包括秸秆根茬处理、深耕细作、作畦开沟、镇压保墒等。根据不同区域油菜栽培制度与种植方式的需要，采用不同的耕整工艺与技术装备。

(一) 秸秆根茬处理

稻—油、棉—油、稻—稻—油等冬油菜一年两熟、三熟制，春油菜—其他作物轮作制及春油菜—玉米两熟制，均需通过灭茬对前茬秸秆茬进行粉碎、埋覆处理，以利于秸秆腐烂肥化，并为后续土壤耕整做好准备。

(二) 深耕细作

油菜幼苗拱土能力弱，对整地质量要求严格。需进行深耕细

第三章 油菜种植前的土地管理

作,使土壤平整、细碎、紧实,达到播种状态。深耕的时间越早越好,即在前茬作物收获之后立即抢时耕翻。早耕晒垡灭草时间长,有利于接纳较多的雨水,增加蓄墒效果,耕深一般应在20厘米以上。

耕前施入腐熟有机肥,并按比例施入部分氮、磷、钾肥。掌握好土壤的适耕期,黏土地适耕期短,要争取在适耕期耕作。稻区在水稻腊熟期排水晒田,待水稻收获后,土壤干湿适度时及时耕作。秋旱地区土质坚硬,可引水入田,猛灌急排,使土壤膨胀,以利于整地。

耕后应立即耙糖碎土,填补孔隙,使土壤上虚下实,土碎地平,以利于保墒播种。冬油菜在秋作物收后种植,由于时间紧张,要求随耕随耙,重耙轻糖,为及时播种、提高播种质量创造条件。对旱区夏闲地种植的油菜,应于夏季耕翻带耙,雨后及时耙地收墒,一般在播种前半个月,结合施肥浅耕耙糖。

移栽油菜对移栽田整地质量要求很高。油菜移栽时,必须使根系与土壤密切接触,才能早发新根,促使早缓苗、早生长。应在前作收获后,及时整地,将土壤整细整平,便于移栽。移栽时,可先在沟穴中施入有机肥,配合速效氮、磷、钾肥的混合肥料,既可以使根系及时吸收肥料,还可填塞土缝,使根与土、肥密切接触,促进发根。

(三) 作畦开沟

在一年两熟和一年三熟制地区,稻田由于前期淹水时间较长,土壤透水通气性差,应严格"三沟"(厢沟、腰沟、围沟)配套。作业厢宽一般为1.8~2.0米,厢沟宽15~20厘米、深18~20厘米,腰沟、围沟宽20厘米、深30厘米,以利于排水。如土壤含水量及地下水位高,还应适当减少厢宽。前茬水稻

油菜高产高效绿色种植与加工技术

应提前10~15天排水晒田,收获时留茬高度控制在18厘米以内,并将秸秆粉碎均匀还田。

(四)镇压保墒

我国春油菜区主要分布在西部、北部高海拔、高纬度地区,如青海、甘肃、新疆、内蒙古等地区,春油菜区气候冷凉、降水量少,春旱较为严重,严重影响春油菜的出苗率并最终导致缺苗和减产。播种后镇压是我国春油菜区广泛采用的一项节本增效技术,是保证油菜在春旱条件下播种后出苗迅速和一播全苗的基本措施。镇压可以压碎土块,沉实土壤,减少水分蒸发,起到稳定地温、保水保墒的作用。在播种行附近铺设滴灌带,进行实时滴灌是北方干旱地区油菜种床准备的一种有效方法。

第三节 前茬作物影响及轮作安排

一、前茬作物对油菜种植的影响

(一)土壤肥力影响

不同的前茬作物对土壤肥力的影响存在显著差异。

禾本科作物小麦、水稻、玉米为例,它们在生长过程中对氮素的吸收量较大,收获后土壤中会残留较多的磷、钾等元素。种植油菜前选择禾本科作物作为前茬,可为油菜生长提供相对充足的磷、钾养分,有助于油菜根系发育、茎秆健壮和角果充实。同时,禾本科作物的秸秆还田后,经过微生物分解转化为腐殖质,能够有效增加土壤有机质含量,改善土壤结构,提升土壤保水保肥能力,为油菜创造良好的土壤环境。

豆类作物如大豆、绿豆等作为前茬,对油菜种植极为有利。豆类作物具有根瘤固氮作用,能将空气中的氮气转化为植物可吸收利用的氮素，种植后可显著提高土壤中的氮素含量，使土壤变得更加肥沃。当油菜接茬豆类作物时，能获得充足的氮素供应，促进植株生长旺盛，叶片浓绿，提高油菜的产量和品质。此外，豆类作物收获后残留的根系和根瘤在土壤中分解，还能增加土壤的生物活性，促进有益微生物的繁殖，进一步改善土壤生态环境。

然而，若选择十字花科作物如白菜、萝卜、甘蓝等作为前茬种植油菜，由于它们同属十字花科，对土壤养分的需求相似，连续种植会导致土壤中某些养分过度消耗，造成土壤养分失衡。同时，十字花科作物共有的病虫害，如根肿病、菜青虫等，会在土壤中大量残留病原菌和虫卵，当种植油菜后，这些病虫害极易侵染油菜，增加病虫害的发生概率和防治难度，严重影响油菜的生长发育和产量。

(二) 病虫害影响

前茬作物遗留的病虫害对油菜种植构成重大威胁。如前茬种植茄科作物（如茄子、番茄），易导致土壤中残留青枯病、黄萎病等病原菌，这些病原菌在土壤中存活时间较长，若后续种植油菜，油菜可能感染相关病害，出现植株萎蔫、死亡等症状。又如，前茬种植棉花，棉铃虫、红蜘蛛等害虫可能会在土壤中或杂草上越冬，当油菜种植后，这些害虫会转移至油菜植株上取食，危害油菜的叶片、花蕾和角果。

相反，若前茬作物为葱、蒜等百合科作物，其根系分泌物具有一定的杀菌作用，能抑制土壤中部分病原菌的生长繁殖，减少土壤中有害微生物的数量，降低油菜感染病害的风险。同时，葱、蒜类作物的病虫害与油菜不同，不会对油菜造成直接危害，为油菜生长营造相对安全的土壤环境。

二、油菜轮作安排

(一) 常见轮作模式

1. 水旱轮作模式

在南方水稻种植区，常采用水稻—油菜轮作模式。水稻收获后，及时进行排水晒田，然后种植油菜。这种轮作模式能有效改善土壤结构，水稻生长期间长期淹水的环境有利于土壤中还原性物质的积累，而油菜种植时的旱作环境可使土壤通气性增强，促进土壤中氧化还原反应，改善土壤理化性质。同时，水旱轮作还能减少病虫害的发生，改变病原菌和害虫的生存环境，降低其越冬基数，减轻对油菜的危害。

2. 旱地轮作模式

在北方旱地地区，常见的轮作模式有小麦—油菜—豆类。小麦收获后种植油菜，油菜收获后种植豆类作物。这种轮作方式充分利用了不同作物对土壤养分的需求差异，实现了土壤养分的合理利用和平衡。小麦吸收土壤中的氮、磷较多，油菜对磷、钾需求较大，豆类则能固氮，通过轮作可使土壤养分得到有效补充和调节。此外，不同作物的病虫害种类不同，轮作可减少病虫害的传播和积累，保障作物健康生长。

3. 经济作物与油菜轮作模式

在一些地区，还会采用棉花—油菜或蔬菜—油菜的轮作模式。棉花收获后种植油菜，可充分利用棉花收获后的冬闲土地资源，提高土地利用率，增加农民收入。蔬菜—油菜轮作时，根据蔬菜的生长周期和收获时间，合理安排油菜种植，既能保证蔬菜的供应，又能利用油菜种植改善土壤肥力，减少病虫害。如夏季种植速生叶菜，秋季收获后种植油菜，实现土地的高效利用和作物的可持续生产。

(二) 轮作安排注意事项

1. 合理规划轮作周期

轮作周期应根据不同作物的生长特性、土壤肥力状况和当地的气候条件来确定。一般来说，油菜与其他作物的轮作周期以 2~3 年为宜，避免同一种作物连续种植时间过长，防止土壤养分失衡和病虫害滋生。在规划轮作周期时，要充分考虑前茬作物对土壤肥力的影响，合理安排后续作物，确保土壤肥力的持续提升。

2. 注重茬口衔接

在轮作安排中，要注意不同作物之间的茬口衔接，确保前茬作物收获后有足够的时间进行整地、施肥等农事操作，为后茬油菜种植创造良好条件。如水稻收获后，要及时进行排水、翻耕、晒田等工作，使土壤达到适宜油菜种植的状态。同时，要根据不同作物的生长周期和收获时间，合理调整种植顺序，避免出现茬口衔接不当导致土地闲置或延误油菜种植时间的情况。

3. 因地制宜选择轮作模式

不同地区的土壤类型、气候条件和种植习惯存在差异，应根据当地实际情况选择合适的轮作模式。在土壤肥力较低的地区，可选择豆类作物与油菜轮作，以提高土壤肥力；在病虫害高发地区，应选择能减少病虫害的轮作模式，如与葱、蒜类作物轮作。

4. 加强田间管理

在轮作过程中，要加强田间管理，及时清除前茬作物的残茬、杂草，减少病虫害的滋生和传播。同时，要根据不同作物的生长需求，合理施肥、灌溉和防治病虫害，确保每茬作物都能生长良好。如在油菜种植前，要对前茬作物残留的病虫害进行彻底防治，避免其对油菜造成危害；在油菜生长过程中，要根据土壤肥力和油菜生长状况，适时施肥、浇水，做好病虫害监测和防治工作，保障油菜的高产优质。

第四章 油菜高效种植技术

第一节 播种期的确定

播种期对油菜生长发育和产量形成影响很大，适宜的播种期能充分利用自然界的光照、温度、水分资源使油菜生长发育协调进行，从而有利于获得高产，油菜育苗移栽的播种期应根据以下几个方面的条件来综合考虑。

一、栽培制度

各地的栽培制度和作物轮作换茬模式是确定油菜播种期的重要依据，合理规划播种期能够保障茬口的顺畅衔接，为油菜生长创造良好条件。在水旱轮作区，如长江中下游地区常见的"水稻—油菜"轮作模式，水稻的收获时间直接影响油菜的移栽期。若水稻收割较晚，油菜播种过早，会导致苗床内幼苗生长时间过长，密度过大，易形成老化苗、高脚苗或弱苗，这类幼苗根系发育不良，茎秆细长脆弱，抗逆性差，移栽后缓苗慢，生长势弱，难以实现高产。一般而言，需在水稻收获后预留7~10天进行稻田排水、翻耕、整地等作业，再进行油菜移栽。由此倒推，若水稻在10月下旬收获，油菜育苗播种期则应安排在9月中旬左右，这样既能保证水稻正常收获，又能为油菜提供适宜的苗龄（35~40天），确保幼苗在移栽时达到根系发达、叶片数适宜、茎基部粗壮的壮苗标准。

在旱地轮作区，如黄淮流域的"小麦—油菜"轮作体系，小麦收获时间相对集中在6月上中旬，为了避免油菜与小麦茬口冲突，需精确计算油菜播种期。通常在小麦收获后，及时进行灭茬、施肥、整地等工作，争取在6月底至7月初完成油菜移栽。据此，油菜育苗播种期可安排在5月下旬至6月上旬。同时，在进行轮作规划时，还需考虑不同作物对土壤养分的需求差异，合理安排施肥计划，确保油菜在生长过程中有充足的养分供应，实现茬口衔接与土壤肥力管理的双重优化。

二、品种特性

不同类型的油菜品种在生长特性上存在显著差异，这决定了其适宜的播种期各不相同。

甘蓝型油菜大多冬性较强，苗期生长较为缓慢，对低温的耐受性较好，能够在冬前积累较多的营养物质，且不易出现早薹、早花现象。以'中油杂19''华油杂62'等甘蓝型杂交品种为例，在长江流域冬油菜区，适当早播能够充分发挥其生长优势，一般在9月10—20日播种，可使幼苗在冬前形成较大的营养体，积累足够的干物质，增强植株的抗寒能力，为春季的快速生长和高产奠定基础。早播的甘蓝型油菜，冬前叶片数可达8~10片，根系发达，茎基部直径较粗，在越冬期能够更好地抵御低温冻害，春季返青后生长迅速，分枝多，角果数增加，从而显著提高产量。

白菜型油菜春性较强，对低温的感应不敏感，过早播种极易在年前出现早薹、早花现象。一旦遭遇低温寒潮，薹、花器官会遭受冻害，导致结实率大幅降低，严重影响产量。例如在西南地区种植白菜型油菜品种，若在9月上旬播种，由于此时气温仍较高,植株生长迅速,很快进入生殖生长阶段,11—12月就可能抽薹开花。当冬季低温来临,幼嫩的花器官无法抵御严寒,大量死亡,最终可能造成减产50%以上。因此,白菜型油菜应适当迟播,在长江流域一般在9月下旬至10月上旬播种较为适宜,这样可有效避免早薹、早花现象,保证植株在冬前以营养生长为主,安全越冬。

三、气候条件

根据当地的气候条件,播种期要有利于苗期生长发育,但也不能因播种过早而出现早薹、早花遭受冻害。油菜种子发芽的起始温度为3℃,发芽出苗适宜温度为15~20℃,一般播种的适宜气温为20℃左右。如果油菜能充分利用冬前的较高温度,并在越冬期增强抵抗冻害的能力,在决定播种期时除考虑播种时的温度外,还要考虑播后及移栽后气温下降快慢等问题,使油菜移栽后至少有40~50天的有效生长期,才进入越冬阶段,就能保证安全越冬和翌春早发。因此,用播种期来调节油菜的生育进程,使之与最适气温同步,也是油菜高产栽培的有效措施之一。

四、病虫危害情况

在病虫危害严重的地区,可通过调节油菜播种期避开或减轻病虫危害。一般病毒病、菌核病与播种期关系密切,在发病严重地区,应适当迟播。早播的油菜,由于气温相对较高,病害和虫害较迟播的严重。特别是病毒病与播种期关系最为密切,其趋势是早播的病重,迟播的无病或病轻,差别十分明显。病毒的感染又与蚜虫危害程度有关。甘蓝型品种较能抗病,可适当早播,白菜型抗病力弱,宜偏迟播。

第二节 油菜合理密植

一、合理密植的原则

合理密植是指合理安排单位面积土地上的植株数及其配置方式（种植规格），使个体与群体协调生长，建立合理的动态群体结构，充分利用光能和地力，积累更多的有机物质，从而在单位面积上获得高产。合理的种植密度要结合土壤肥力和施肥水平、播种期、品种特性、气候条件等情况因地制宜地确定。

（一）土壤肥力和施肥水平

土壤肥沃疏松、土层深厚，或者施肥水平较高，植株长势旺盛、枝叶繁茂，种植密度宜小一些；反之，土壤瘠薄、质地黏重，或施肥水平较低的情况下，植株生长受到一定限制，种植密度宜大一些。

（二）播种期

油菜的适宜播种期是综合考虑当地的气候特点、土壤的理化性状、耕作制度、栽培模式、栽培品种的特性等多项条件来决定的。一般早播早栽的油菜，苗期气温较高，生长快，植株较大，因此种植密度宜小一些；相反，迟播迟栽的油菜，因苗期气温偏低，植株生长缓慢，前期生长期缩短，密度宜适当大一些，做到以密补迟。

（三）品种特性

不同品种生育期长短不同，株型大小各异，种植密度也有区别。植株高大、分枝多而部位低、叶片大、株型松散的品种，种植密度宜小一些，如甘蓝型油菜，育苗移栽的油菜每亩适宜6 000~8 000株，直播油菜适宜20 000~30 000株；反过来，植株矮小、分枝少而部位高、叶片小、株型紧凑的品种，种植密度宜大一些,如白菜型油菜,育苗移栽的每亩为12 000~15 000株,直播油菜为25 000~40 000株。

(四) 气候条件

冬季较温暖、降水量多的地区,油菜生长旺盛,植株较大,种植密度宜小一些;冬季较寒冷、干旱较重的地区,油菜生长缓慢,植株较小,种植密度可适当大一些。

二、合理密植的范围

油菜合理密植的适宜范围不是一成不变的,而是根据时间、空间的不同和自然、社会条件的不同而有所差异。在目前生产水平条件下,我国冬油菜产区适宜的密度范围大致可参考表4-1。

表4-1 我国冬油菜产区适宜的密度范围

产区	耕作制度	密度范围(万株/亩)
云贵高原亚区	一年二熟制	云南:甘蓝型直播2.0~2.5,移栽1.2~1.8;芥菜型直播2.5~3.0 贵州:甘蓝型1.0~1.8(瘦地),0.8~1.2(肥地);芥菜型1.2~1.5;白菜型1.5~2.0
四川盆地亚区	一年二熟制为主,部分一年三熟	四川:移栽0.8~1.2,直播平坝1.0~1.5,山区1.2~2.0 汉中:中上等地1.2~1.5,中下等地1.5~2.0
长江中游亚区	一年二熟制 一年三熟制	甘蓝型:肥地1.0~1.2,中等地1.3~1.8,山区2.0~2.5 白菜型:2.0~3.0
长江下游亚区	一年三熟制	江苏:移栽1.0~1.5,直播2.0~2.5 安徽:1.2~2.0 浙江:0.8~1.5

三、种植方式

密度确定之后,还要考虑行、株距的合理搭配。行、株距合理搭配的原则是：既能扩大叶面积，充分利用光能和地力，又能减少荫蔽，改善通风透光条件，并便于田间操作管理，达到个体和群体协调发展，获得高产的目的。目前主要有如下几种种植方式。

（一）正方形种植

正方形种植是一种较为特殊的种植方式，其核心特点在于行距和株距相等，或者株距稍小于行距，这种种植模式通常适用于密度较低的种植场景。从植物生长的光照需求角度来看，正方形种植使得植株在田间分布均匀，每一株油菜都能最大程度地接收来自各个方向的光照，避免了因种植方式不合理导致的光照不均问题。均匀的光照条件有助于油菜进行光合作用，促进植株各个部位均衡生长，使油菜的分枝部位降低，且各个方向的分枝大小较为一致。

（二）宽行密株种植

宽行密株种植是一种在密度较大的情况下极具优势的种植方式，其特点是通过适当加大行距，缩小株距，在保证较高种植密度的同时，充分发挥宽行通风透光的优势。从植物生长的环境需求分析，随着油菜植株的生长，尤其是在生长中后期，叶片面积不断扩大，如果行距过窄，田间容易出现郁闭现象，导致通风不良，湿度增加，这不仅会影响油菜的光合作用效率，还容易引发病虫害。而宽行密株种植方式有效地解决了这一问题，较宽的行距使得空气能够在田间自由流通，降低了田间湿度，减少了病虫害滋生的环境条件。同时，良好的通风透光条件还能使油菜植株的中下部叶片也能接收到充足的光照，提高了光能利用率，促进植株生长健壮。

在实际生产中，宽行密株种植的增产效果显著。通过合理调整行株距，这种种植方式能够推迟油菜的封行期。一般来说，与常规种植方式相比，宽行密株种植的油菜封行期可推迟5~7天。在这推迟的几天时间里，油菜植株能够更好地进行光合作用,积累更多的有机物质,为后期的角果发育和籽粒充实提供充足的营养。此外,宽行密株种植还便于田间管理操作,如施肥、浇水、中耕除草以及病虫害防治等工作都更加方便快捷。以施肥为例,宽行的设计使得施肥机械或人工能够更轻松地在田间作业,将肥料均匀地施用到植株根部周围,提高了施肥效率和肥料利用率。

在具体的行株距设置上,一般情况下,行距保持在35~40厘米,株距控制在18~22厘米。这样的行株距组合既能保证每亩有足够的种植密度,又能充分发挥宽行密株种植的优势。在不同的土壤肥力和气候条件下,还可以根据实际情况对行株距进行适当调整。如在土壤肥力较高、气候条件适宜的地区,可以适当增加种植密度,缩小株距;而在土壤肥力较差、气候条件较为恶劣的地区,则可以适当减小种植密度,扩大行距,以保证油菜植株能够在相对良好的环境中生长,实现高产稳产的目标。

(三)宽窄行种植

这种方式采用宽行与窄行相间种植,由于调整了行距,在密度较高的情况下,比宽行密株更有利于协调个体与群体的关系,由于预留了大行,推迟封行期,有利于间作套作,有利于后季作物适时套作,解决前作后作的季节矛盾,增产显著,有利于追肥、培土、施药等田间管理,特别是方便田间防治油菜菌核病。

宽窄行具体规格可根据各地具体情况确定,通常情况下,宽行行距45~50厘米,窄行行距30~35厘米,株距18~22厘米。生产上,通过扩行缩株以改善行间的透光条件,方便后期田间操作,通常应用3种组合的种植方式。

一是对于地力和管理水平一般的田块,133厘米为1个组合移栽 2 行油菜，其中宽行 90 厘米、窄行 43 厘米，株距 14~16 厘米。

二是在地力好、肥料足、管理水平较高的田块，150 厘米为 1 个组合移栽 2 行油菜，其中宽行 100 厘米、窄行 50 厘米，株距 14~16 厘米。

三是 250 厘米为 1 个组合，按 50 厘米等行距栽 4 行油菜，留 1 个 100 厘米的宽行，株距 14~16 厘米。

(四) 穴植

在土壤黏重潮湿、整地困难的水稻田，以及土质条件差的山区、丘陵坡地，干旱严重的地区，条播条栽较困难，采用穴植则简便易行，有利于集中施肥、抗旱播种，易于管理，利于全苗壮苗。

穴植的行距、穴距及每穴株数，应根据密度高低、种植制度等决定。密度较低时，多采用行距、穴距相等的正方形形式；密度较高时，采用宽行密穴或宽窄行形式。密度较低时，每穴单株较双株有利；但密度较高时，每穴双株或 3 株比单株显著增产。通常情况下，采用行距 40 厘米、株距 26~40 厘米的移栽规格，每亩 4 000~6 000 穴，栽植 8 000~12 000 株，有利于构建高产栽培合理群体，实现移栽油菜生产省工节本高产增效的目的，并有效地降低移栽劳动强度。

第三节 油菜育苗移栽技术

一、移栽育苗的播种

(一) 选好苗床

苗床对培育壮苗影响极大，一定要选择地势高爽、地面平整、光照充分、背风向阳、土质疏松肥沃、水源近、排灌方便，在1~2年内未种植过油菜或十字花科植物的地块作苗床。

前茬最好选玉米、大豆、花生等旱作田。靠近村庄、荒坡地和林间空隙地都不宜作苗床，以免遭受病虫、畜禽的危害。留足苗床地的面积，是培育壮苗的重要条件。

苗稀有利于培育壮苗，苗床面积小了，播种密度加大，幼苗窜高生长，形成高脚苗或弱苗、曲颈苗。一般苗床面积与大田面积的比例以1∶(5~6)为宜。

(二) 精细整地

播种前1周进行中耕晒垡，耕层厚度10~12厘米，四周开围沟，沟宽20厘米、深35厘米。油菜种子细小，顶土能力弱，因此，播前精耕细作，做到土层细碎并适当紧实，以保证种子播种时落籽均匀，深浅一致，早生快出。开沟作畦，要求床面平、床土碎、床底实，畦宽1.5~1.7米，畦长依面积而定，畦沟宽20厘米、深20厘米，畦沟要与围沟相通。

(三) 施足基肥

苗床基肥要施足，基肥以充分腐熟的农家肥为主，氮、磷、钾、硼配合。播种前10天左右，结合床土翻整，按每亩大田，苗床施入腐熟农家肥2 000~3 000千克、尿素1~2千克、硫酸钾0.5~1千克、硼砂0.5千克、过磷酸钙20~25千克，拌匀后结合整地施于表土层，使表土层疏松肥沃，有利于培育壮苗。

(四) 精细播种

播种前，剔除秕粒和杂物后，晒种2~3天，每天晒3~4小时，以提高出苗率。油菜苗床播种有撒播和条播2种，一般为撒播。

播种期的安排，应当根据前茬作物让茬的早迟以及品种的特性而定。一般应选择在9月中下旬抢墒抢晴精播。播种量应根据种子大小和出苗率而定。一般千粒重在 2.5~3 克的种子，每亩苗床的播种量为 0.4 千克；千粒重在 3.5 克以上的种子，播种量以 0.5~0.6 千克为宜。如果播种量过大，一出苗就会发生挤苗现象，既增加间苗的工作量，又影响秧苗素质，对培育壮苗不利。

(五) 匀播浅盖，一播全苗

油菜播种时必须做到抢墒稀播、匀播，最好按畦面积大小计算好播种量，逐畦分次匀播。为了使种子撒匀，播种时可拌和一些细土、细渣肥或用炒熟的油菜籽混匀撒播（按 1 : 20 的比例混匀）。播后及时沟灌，使土壤湿润，以利于出苗。种子播完后及时用铁齿耙耙畦面，用细土浅盖种子，或撒一层薄薄的细土、渣肥，并用平板或铁锹轻拍土面，使种、土密切接触，起到保墒提墒的效果，使之早出苗、出齐苗。然后用单层农作物秸秆或遮阳网覆盖，出苗即揭。播种前如土壤墒情不足，一定要注意先造墒后播种，防止土壤干旱，影响出苗。

二、育苗期间的苗期管理

油菜出苗后至 5 叶以前的幼苗生长缓慢，5 叶以后生长迅速，因而在苗床管理上要采取"促—控—促"的原则。即从播种到 3~4 叶期，要精细管理，促使出苗整齐、生长健壮；5 叶后要炼苗，防止地上部徒长，促进地下部生长；移栽前 1 周，如果幼苗发红，要浇水施肥，促使幼苗健壮。

(一) 间苗定苗

俗话说"草荒收半，苗荒不见面""油菜间早，越早越好；油菜间晚，老来光秆"。可见及时间苗、定苗对油菜高产有非常重要的意义。油菜出苗后生长拥挤，要及时间苗。如果不及时间苗，很容易形成弱苗、高脚苗、线苗。

一般苗床间苗2~3次，第一次间苗的时间，宜在齐苗后1片真叶时进行，主要是间除丛籽苗，不使幼苗密集丛生；第二次间苗，应在2片真叶时进行，要求达到苗与苗间叶不搭叶，苗不靠苗，苗距3~5厘米。幼苗进入3叶期时，进行定苗，苗间距以7~10厘米为宜。

间苗时要求做到"五去五留"，即去弱苗，留壮苗；去小苗，留大苗；去劣杂苗，留纯健苗；去密苗，留匀苗；去病虫苗，留健壮苗。确保苗"纯、匀、全、壮"。双低油菜在苗床中还应注意去杂，将生长过大、过小的菜苗以及叶片形状、颜色等不同的菜苗全部去除。每平方米留苗90~120株。

（二）追肥浇水

油菜种子细小，播种一般较浅，遇旱时播前要浇足底水，播种后，常常会遇到秋旱，因此，出苗前苗床要经常浇水，应保持苗床土湿润，以表土不发白为度。齐苗后要适当控水，促进根系下扎和防止幼茎过分伸长。如土壤墒情较足，能满足种子发芽和出苗，一般不浇水。

（三）适时追肥

1~2叶期，结合间苗追施稀粪水；3叶期后，油菜迅速发棵，对养分吸收较为迫切，因此间苗后应该及时追肥补水，以满足出叶成株对肥水的需求。结合定苗进行松土除草，定苗后每亩苗床及时追施薄粪水800~1 000千克，或尿素10千克。

5叶以后，应该适当控制肥水，防止窜高徒长，少浇水，少追肥。苗床期追肥要掌握"早、勤、少"的原则。前期以促为主，中期促控结合，后期控制肥水，既使幼苗健壮，又能防止疯长。

移栽前5~7天，追施"送嫁肥"，如遇天旱土干，每亩苗床浇施稀薄腐熟的人畜粪尿500千克左右，如床土湿润，还可追施

第四章 油菜高效种植技术

尿素 2~3 千克。移栽前 1 天浇 1 次透水，以利于起苗。

（四） 3 叶期喷施多效唑

在油菜苗期喷施多效唑，具有促下控上、壮根增叶的显著效果，能有效地防止出现高脚苗和旺长苗，可使苗高缩短 20%~40%，缩茎段缩短 30%~60%，叶柄缩短 30%~50%，叶绿素含量提高 20%~30%，苗床合格苗数增加 30% 左右，每亩苗床可多栽 2 亩大田，经济效益显著。一般在油菜的 3 叶期喷施多效唑（15% 多效唑可湿性粉剂 40~50 克或 5% 烯效唑可湿性粉剂 20 克，兑水 50 千克）。施用时期早，用量要少些；施用时期迟，用量可多些。注意不要随意加大多效唑用量，要求喷雾均匀，切勿重复喷施，防止控制过头。

（五） 加强病虫草害防治

在进行苗床管理的同时，还要积极做好化学除草工作，避免草害。杂草防除分为芽前处理和茎叶处理。在油菜播种后 3 天内，每亩用 76% 精异丙甲草胺乳油 60~70 毫升或 50% 丁草胺乳油 100 毫升兑水 40 千克喷雾。防除单子叶杂草，在杂草 3~5 叶期，每亩用 108 克/升高效氟吡甲禾灵乳油 30~40 毫升兑水 40 千克，将药液均匀地喷在杂草上。

苗床期间，要密切注意病虫发生情况，做到及时喷药防治，确保幼苗健壮无病。移栽前 3~5 天选准药剂认真抓好菜螟、蚜虫、黄曲条跳甲、菜青虫、霜霉病、白锈病、立枯病等病虫害的防治，杜绝带病带虫进入大田。

（六） 适墒抢栽

油菜移栽要强调适墒抢栽，先栽油菜后种麦。一般以旬平均气温 13~15℃，10 月中下旬移栽为好。腾茬早的可采取中苗移栽（5~6 叶）；腾茬晚的，采取大苗移栽（7~8 叶），但要注意补充氮素，提高发根能力。水稻收获一块，就要抢栽一块，并坚持带肥带药下田，扩行稀栽，板茬移栽。

三、移栽技术要点

油菜移栽技术要严把精耕细整、平衡施肥、壮苗早栽、合理密植等技术环节。油菜壮苗是丰产的基础，移栽质量是油菜活棵返青、冬壮春发的关键。其技术要点如下。

（一）干耕干整

油菜苗期要求有松细的土壤。整地质量差，湿耕烂整，土壤板结，不仅移栽油菜缓苗时间长、生长速度慢，而且容易造成油菜烂根死苗。前茬作物如果是旱土作物并且收获早，此地要及早耕耖；前茬作物是水稻的田，要求在水稻收割前7~10天排水晒田，达到收获时脚踏基本无印记的标准，收割后抢晴天翻耕晒垡，干耕干整，碎土开浅沟穴移栽，以利于土壤疏松通气爽水，油菜栽后早发根，快活棵。

（二）施足基肥

施足基肥主要是为了油菜移栽活棵后发苗，施足基肥是油菜实现秋发冬壮的重要基础。基肥要求有机肥与无机肥结合使用，一般在中等肥力土壤上栽培，若每亩产油菜籽200千克，大约需要施碳酸氢铵50千克、过磷酸钙45千克、硫酸钾25千克、硼砂0.4~0.5千克、腐熟饼肥50千克，将以上几种肥料充分拌匀后，在大田翻耕前施入耕作层，使肥土充分融合。

（三）开好"三沟"

在长江流域，渍害是影响油菜高产稳产的主要因素。苗期受渍易造成僵苗和烂根死苗，而生长后期受渍则易造成根系早衰，因此，油菜田一定要高标准地健全一套沟，开好畦沟、腰沟和围沟，深沟窄畦，做到沟沟相通、雨停田干、明水能排、潜水能滤。确保排水通畅，以避免油菜根系遭受渍害，减轻病害的发生。一般作畦从南北向，畦宽 160~170 厘米，畦沟宽 30 厘米、深 20 厘米，四周开好排水沟。稻茬板田移栽，畦面宽 160~170 厘米，畦沟宽 25 厘米，每畦可栽 4 行油菜。在地势低、地下水位高、土壤黏重的烂泥田，可实行每畦栽 2 行的双垄栽培法，一般做法是：畦面宽 50~60 厘米，畦沟深 50 厘米，沟泥全部堆在畦面上，达到窄畦高垄、排渍效果较好的目的。

（四）适期早栽

油菜适期早栽，争取移栽后在冬前有 40~50 天的有效生长期，有利于在冬前形成较大营养体，增强植株抗寒性和抗逆性；有利于根颈增粗，提高植株分枝能力。秋收秋播时为争季节，油菜移栽应突出"抢"字，在保证移栽质量的基础上，狠抓移栽速度，确保油菜处于最佳移栽季节，力争冬前搭好丰产架子。一般当日平均气温 12~15℃时移栽，有利于根系生长和成活。

适宜的移栽苗龄：甘蓝型中晚熟品种为 35~40 天，早中熟品种为 30~35 天。在长江中游地区，甘蓝型中早熟油菜在 10 月下旬开始移栽，11 月上中旬移栽结束比较适宜。

（五）带肥药移栽

在培育壮苗的基础上，带肥、带药、带土移栽，是缩短缓苗期的关键措施。移栽前 3 天，每亩苗床施腐熟粪尿 500 千克。移栽前 1~2 天施药 1 次，防止带病虫下田。

（六）科学起苗

起苗要仔细，力求少伤叶、叶柄和根系，多带护根泥土，这样秧苗成活快，缓苗期短。选取大小一致的苗，实行大、小苗分级、分田块移栽，不要混栽。移栽前如苗床干硬，必须在取苗前 1 天浇透水，次日露水干后再用小铲取苗。取苗过程中去掉瘦弱苗、病苗、虫伤苗、高脚苗和杂苗等。

（七）合理密植

油菜种植密度应根据土壤水肥条件、播种期、品种特性等因素来确定。一般大行距80厘米，小行距40厘米，株距16~20厘米。水肥条件好，个体生长旺盛的要种得稀些，相反要种得密些；早播的要稀些，迟播的要密些；晚熟品种稀些，早熟品种密些。种植方式有正方形种植、宽行密株种植、宽窄行种植等3种。

（八）精细移栽

移栽油菜要求做到"全、匀、直、紧、蘸"。"全"即油菜苗受伤少，叶片、根系完整；"匀"即按株行距均匀移栽，大小苗分级匀栽在不同田块，不要混栽；"直"即苗直根直，不东倒西歪，不曲根入土；"紧"即栽时土要压紧，不使苗根悬空；"蘸"即用赤霉酸1克、过磷酸钙2.5~3千克，加水100千克溶解后再加适量塘泥或肥土调成糨糊状，边蘸根边移栽。并做到边起苗、边移栽、边浇定根肥水（每亩用500千克稀人畜粪水浇施），不栽隔夜苗。对高脚苗则一定要适当深栽，以增强抗寒防冻和固根防倒的能力。此外，要争取适期早栽，因为油菜移栽早，气温较高，有利于菜苗生长成活，在年前多长几片绿叶，为高产奠定基础。

第四节　油菜直播技术

一、直播油菜播种育苗技术要点

（一）精选良种

应选择优质双低并适宜本地区种植的品种。对于采用机械收割的油菜，品种选择更为重要，机械收割的油菜，在机械收获过

第四章 油菜高效种植技术

程中，要经过分禾、割薹等过程，极易造成油菜角果开裂，籽粒脱落，影响产量。因此，宜选择角果耐开裂性强的品种进行种植。

（二）前茬准备

油菜前茬大多以水稻为主，直播油菜受其成熟收获期的限制，播种较迟，营养生长期短，生产力降低，从而影响产量的提高。所以，直播油菜应适期播种，前茬的品种选择十分重要。一般应选择既高产优质，又符合直播油菜对播种期要求的早熟或早中熟水稻品种。同时，由于油菜为旱田作物，不耐渍水，前茬水稻应适当提早搁田，防止搁田过迟，田脚过烂，影响机械播种和油菜根系的生长。

（三）精细整地

直播油菜与移栽油菜相比，根系入土较深，大部分根群集中于表土下 20~30 厘米，主根及少数支根还可能深达 100 厘米以上，因此在不破坏犁底层的前提下，在前茬作物收获后，要趁土壤湿润进行翻耕，以免表土板结，力求深耕，一般要求达到 20 厘米以上。翻耕后充分暴晒，然后趁土壤干湿适宜的时机进行耕耙保墒，并开好厢沟、腰沟、围沟，做到"三沟"相通，以利于灌水、排水。达到表土疏松细碎，水气协调，田面平整，为出苗迅速，苗全、苗齐创造一个良好的土壤环境。畦宽 1.5~2 米。

（四）施足基肥

油菜冬发与春后的分枝及结荚数成正向关系，而要壮苗冬发必须下足基肥，科学配肥。应结合耕整地，每亩施腐熟有机肥 1 000 千克（严禁用油菜秆和角壳堆制而成的有机肥）或复合肥 50 千克、尿素 2.5~5 千克、过磷酸钙 2.5 千克，切忌偏施氮肥。同时，配施高含量的"持力硼" 0.2~0.25 千克（或硼砂 0.5 千克），均匀施入土中。

(五)直播时期

直播油菜由于不经过取苗移栽过程,生长发育没有暂时停滞阶段。同一品种在相同条件下采取直播可以比移栽的延迟播期10~15天。但直播油菜播期的弹性虽然较大,也不是越迟越好。随着播种期延迟,全生育期特别是营养生长期相应缩短,单株生产力降低,因而导致减产。因此直播油菜应适时播种,长江中上游在9月15—20日直播。长江下游在9月25日前后直播。后期气温较高时,可选用早熟品种,适当延长到11月上旬播种。此外,确定具体播期,还要考虑该品种特性、土壤墒情等。冬性强的品种可适当早播,春性强的品种适当晚播,遇墒时应及时趁墒播种。

适当增大种植密度,以增加群体株数来弥补个体不足,但种植也不是越密越好,一般情况下直播油菜应比同等条件下移栽的油菜增加30%的总株数。晚播油菜应做到以密补迟。

(六)播种方法

为便于播种和控制播种量,可加入炒熟的菜籽混合播种,力争均匀一致,一播全苗。有条件的可对种子进行包衣,直径可扩大2~3倍,有利于减少播种用量,促进全苗壮苗。早熟品种播期可稍迟,土质黏重、肥力较差的宜播得较密,播后浅覆土。为确保苗全、苗匀,除按要求抓好整地、播种质量外,还可在畦头适当多播一些种子,以利于移苗补缺,但补缺的苗必须带土移栽并及时浇水,以利于快速返青活苗。直播双低油菜的亩播量为0.4~0.6千克,苗数为2.3万~2.9万株。直播油菜的播种方法有条播、穴播和撒播。

1. 条播

将土壤耙平以后,在畦面上顺畦平行开沟,行间距30~40厘米,深3.3~6.6厘米。沿沟进行播种,条播要求落籽均匀,甘蓝型油菜种子每亩播种0.4~0.5千克,白菜型种子0.4千克左右。山区多用火土粪拌种,顺沟播下。还有的地方采取将菜籽装在竹筒或玻璃瓶内,瓶口盖1层塑料薄膜扎紧,当中开1个小孔,孔的大小可以控制播种量,播种时,一手拿竹筒沿播种沟不停地振动,使种子均匀撒下。播种后盖1层薄土(或盖土杂肥),有些地方在播种沟里施水粪,然后盖种,每亩用土杂肥300~400千克拌过磷酸钙20千克左右堆沤1个月后用于盖种。

播种机播种一般采用条播方式。

2. 穴播(点播)

水稻田土质黏重、整地困难、土块不易整细、开沟条播不方便,可采用点播。点播开穴,点播要求控制穴深3~5厘米,穴底要平,行穴距33厘米。泥土必须细碎,行距要直,穴距要匀。穴内施水粪。以利于种子发芽,土干时多兑水,土湿少兑水。穴内如施过磷酸钙等化学肥料,必须同泥土充分拌匀,以免烧芽。播种时,每穴下种10粒左右,种子可以和土杂肥拌匀一同播下,阴雨天不必盖土,晴天盖1层薄土。

3. 撒播

前作收获后,进行机械浅耕或免耕,灌1次"跑马水",直接将油菜种子撒播其上,保持适当的田间湿度,油菜也能很好地发芽生长。油菜撒播快速简便,目前已成为油菜产区一种主要播种方式。撒播可采用人工方式或机械喷播。撒播快速简便,但油菜密度较大,且生长参差不齐。与人工撒播比较,机动喷雾器撒种可以节省时间,而且精量省种,出苗均匀。

二、直播油菜的苗期管理

苗期田间管理应做到早间苗、早定苗、早治虫,注意施用提苗肥。

（一）浇水促苗

出芽后喷水湿畦，保苗培墒。第一片真叶露出时，即要遇旱勤浇水，每3天浇1次，护苗提苗；遇渍清沟排水滤田，促根展叶。

（二）间苗定苗

间苗一般分2次进行，第一次在2片真叶时梳理窝堆苗、拥挤苗、密集苗；第二次在4~5片真叶时按单位面积要求的种植密度间苗，并结合定苗。雨后土湿不要间苗，以免将土壤踩板结。

农民间苗的经验：穴播，每穴留3株，间成"品"字形；留4株，间成"口"字形；留5株，间成"梅花"形；条播每9~15厘米留2~3株，间成"之"字形。定苗时根据品种特性、地力肥瘦和施肥的多少等条件，制订合理密度的株行距，去坏苗留好苗，去弱苗留壮苗。并结合定苗，抓好查苗补缺。结合定苗进行1次除草松土，干旱时要浇水补墒增墒。

（三）及时治虫

出苗后注意观察虫情，苗期对油菜危害最大的害虫是蚜虫和菜青虫。在苗期有蚜株率达10%，菜青虫虫口密度每株1~2头、幼虫在3龄以前时，及时用药防治。

（四）及时除草

直播油菜如管理不善，极易发生杂草危害，生产上应针对田间杂草的发生规律及草情草相，采取相对应的除草技术。在播前和出苗后分次化学除草，播前选用草甘膦对杂草进行茎叶喷雾，播后用敌草胺封杀。当油菜苗长至5~6片真叶时，选用氟吡甲禾灵、精吡氟禾草灵等喷杀。

第五章　油菜田间管理与调控

第一节　油菜合理灌溉与及时排水

一、合理灌溉

（一）合理灌溉的必要性

油菜生育期长，枝叶繁茂，结实器官多，一生中需水量较大，土壤中水分含量是影响油菜产量的重要因素。水分供应充足、适量，油菜根部土壤水分环境好，土壤中水、肥、气、热相互协调，则根系发育良好，吸肥、供肥能力强，能提供植株正常新陈代谢所需要的养分，根、茎、叶生长发育正常，形成丰产株型而获得高产。当降雨偏少或灌溉不当造成土壤缺水时，油菜苗期表现为下部叶片萎蔫、变黄然后脱落，抑制幼苗生长；花期则表现为花蕾脱落、花朵数量减少；角果期表现为幼嫩角果脱落、单株角果数减少。因此，合理灌溉是保证油菜高产稳产的重要措施。

（二）合理灌溉的原则

油菜产区要根据当地的气候条件、土壤条件、栽培水平、自然降雨特点、水利资源等因素综合考虑，制定出适宜的灌溉时间、灌溉量及灌溉方法。

1. 适宜的灌溉时间

首先根据油菜各生育时期的需水特性，其次是要掌握油菜需水时期的自然降雨情况，最后是要检查土壤中水分含量是否充足。

2. 适宜的灌溉量

主要是根据当时的自然降水量、灌溉前后可能产生的自然降水量以及土壤中的实际含水量来确定。即是指一次灌溉后的水分能满足油菜某一生长时期对水分的需求，既不需要多次灌水，也不需要因灌水太多而排水。

3. 灌溉方法

通常采用沟灌、喷灌和滴灌3种方法。

（1）沟灌。沟灌是一种传统的灌溉方式，适用于地势较为平坦、土壤质地适中的油菜田。其操作方法是在油菜田的行间开沟，将水引入沟内，通过土壤的毛细管作用，使水分向四周渗透，湿润根系周围的土壤。沟灌的优点是灌溉水量较大，能够满足油菜在需水高峰期的水分需求，且操作相对简单，成本较低。缺点是耗水量较大，水分利用率较低，容易造成水资源浪费，同时可能导致土壤板结，影响土壤通气性。在使用沟灌时，应注意控制灌水深度和时间，避免长时间浸泡导致根系缺氧，一般以水层达到沟深的2/3为宜，灌水后及时排除沟内积水。

（2）喷灌。喷灌是利用喷灌设备将水喷洒成细小的水滴，均匀地灌溉到油菜田的灌溉方式。喷灌具有节水、灌溉均匀、适应性强等优点，能够根据油菜不同生育阶段的需水要求，精确控制灌水量和灌溉时间，避免水分过多或不足。同时，喷灌还能改善田间小气候，降低空气温度，增加空气湿度，减少病虫害的发生。此外，喷灌可以与施肥相结合，实现水肥一体化，提高肥料利用率。但喷灌设备投资较大，对水源和水质要求较高，且在风力较大的情况下，灌溉均匀度会受到影响。在实际应用中，可根据油菜田的面积、地形和经济条件，选择合适的喷灌设备，如固定式喷灌、半固定式喷灌或移动式喷灌。

(3) 滴灌。滴灌是一种先进的节水灌溉技术,通过滴头将水一滴一滴地、均匀而缓慢地滴入油菜根部附近的土壤中。滴灌的优点是节水效果显著,水分利用率可达90%以上,能够精确控制土壤含水量,避免水分浪费和土壤板结。同时,滴灌可以减少杂草生长和病虫害的发生,降低生产成本。此外,滴灌也便于实现自动化控制,节省人力。然而,滴灌系统的建设成本较高,对水质要求严格,需要定期对滴头进行清洗和维护,防止堵塞。滴灌适用于水资源短缺、土壤保水能力差的地区,以及对灌溉精度要求较高的油菜种植基地。

二、及时排水

(一) 排水的作用

油菜根系对土壤的通气性要求较高,当油菜田因持续降雨、暴雨袭击或不合理灌溉,导致土壤水分过量积聚,形成渍涝现象时,会对油菜生长造成多方面严重危害。土壤中水分过多会挤占原本供根系呼吸的空气空间,使根系处于缺氧状态。根系的有氧呼吸过程受阻,无法产生足够的能量用于养分吸收和运输,导致根系活力显著降低,对氮、磷、钾等矿质元素以及微量元素的吸收能力大幅下降。

同时,根系供肥力减退直接影响地上部植株的生长发育。植株无法获取充足的养分供应,生长速度减缓,茎秆细弱,叶片小而薄,植株整体抗逆性下降。更为严重的是,渍涝环境下的油菜植株因根系固着力减弱,极易发生倒伏现象。一旦倒伏,油菜不仅会因茎叶相互遮盖影响光合作用,还会增加收割难度,造成机械损伤,导致减产。

此外,渍涝造成的土壤严重缺氧环境,为各种病原菌的滋生和繁殖创造了温床。如油菜常见的菌核病、立枯病等病原菌，在缺氧、高湿的土壤条件下，繁殖速度加快，侵染能力增强。这些病原菌会直接侵害油菜根系，破坏根系组织，阻碍根系的正常生理功能，导致根系腐烂，影响植株的水分和养分吸收。而且，过多的水分还会改变土壤的理化性状，使土壤通气性变差、板结程度加剧，土壤微生物群落结构失衡，有益微生物数量减少，进一步恶化土壤环境，形成恶性循环，对油菜根系的正常发育和植株的健康生长构成极大威胁。因此，及时清理沟渠，排出田间多余水分，是改善土壤通气性、维持根系正常生理功能、保障油菜健康生长的关键措施，能够有效为油菜生长发育创造良好的土壤环境条件。

（二）排水的方法

在油菜田间排水实践中，明沟排水是最常用且行之有效的方法。明沟排水系统的科学设计与合理施工是确保排水效果的关键。首先，排水沟的选址尤为重要，必须开设在油菜田的最低处，这样能够充分利用地形的自然坡度，使田间积水依靠重力作用自然流出，实现高效排水。一般而言，排水沟的深度和宽度需要根据油菜田的面积、地形、土壤质地以及当地的降水量等因素综合确定。对于地势较为平坦、面积较大的油菜田，主排水沟深度通常应在 50~80 厘米，宽度在 40~60 厘米，以保证有足够的排水能力；支排水沟深度可控制在 30~50 厘米，宽度在 30~40 厘米，与主排水沟相连，形成完善的排水网络。

在施工过程中，要确保排水沟的沟壁和沟底平整、坚实，避免出现坍塌和渗漏现象。同时，为了提高排水效率，排水沟的纵坡应保持在 0.3%~0.5%，使水流能够顺畅流动，防止积水滞留。此外，灌溉时使用的水沟在非灌溉期也可充分利用起来，作为排水通道。但需要注意的是，在灌溉期间，要对灌溉水沟进行合理管理，防止因灌溉水流过大对沟壁造成冲刷破坏，影响其后续的排水功能。

在油菜生长过程中，还需定期对排水沟进行清理和维护。由于泥砂沉积、杂草生长等原因，排水沟容易出现堵塞现象，降低排水能力。因此，每隔一段时间（一般15~20天），就需要对排水沟进行检查，及时清除沟内的淤泥、杂草和杂物，保持排水畅通。特别是在降雨频繁的季节或暴雨过后，更要加强巡查，一旦发现排水沟堵塞，应立即组织人力进行疏通，确保田间多余水分能够及时排出，为油菜生长营造良好的土壤水分环境。

三、油菜灌溉排水的主要环节

根据油菜的需水特点及各产区的气候条件，北方冬油菜区及旱寒区油菜的水分管理应以灌水为主，江淮流域应注意灌排结合。油菜灌溉、排水主要掌握以下环节。

（一）浇好底墒水

油菜种子在吸收占本身重量60%的水分时才能萌发出苗，若土壤墒情不足，则出苗不齐，甚至不能出苗。因此，油菜在播种前土壤墒情较差时，应浇底墒水。一般浇水应提前7~8天进行，灌水后及时耕耙整地。旱地要注意及时耙耱，蓄水保墒，力争足墒下种。

稻油两熟地区，为保证油菜正常播种，对于排水不良的烂泥田，可在水稻收获前7~10天于四周开沟排水；若残水难于排干，可采用高畦深沟栽培方式，这种方式有利于降低地下水位，促进根系发育和产量的提高。

（二）灵活灌苗水

苗期水分管理应做到"十六字"：浇水保苗、灌水发根、以水调肥、以水调温。具体来说，要适时灌溉培育壮苗，播种出苗期若遇干旱，整地时灌水整地，播种后每亩浇施1 500~2 000千克猪牛粪水（泼施），保证安全出苗和出全苗、齐苗。移栽时和移栽后立即每亩用稀薄猪牛粪水2 000千克左右加尿素3~4千克兑水浇窝，确保成活快、返青快。移栽苗开始生长或直播苗3叶期以后，引水沟灌，每亩先撒施尿素2~3千克，再灌水，促进菜苗根系生长及对养分的吸收。灌水量可根据土壤质地，保水性能和苗情而定。砂质土壤保水性较差，可适当多灌水；壤土、黏土保墒性较好，可适当少灌。

（三）适时灌冬水

油菜冬灌是北方冬油菜产区越冬保苗的一项重要措施。冬灌不仅是由于冬春干旱少雨，蒸发量大，需要补充土壤水分，供油菜吸收利用，而且通过冬灌可稳定和提高土壤温度，达到防冻保苗的目的。北方冬季气温较低，对油菜越冬威胁很大，灌水可增加土壤含水量，提高土壤的比热和土壤导热性能，避免土温下降过快，保持土温平稳，从而大大减轻冻害，保证油菜安全越冬。据调查，在严寒年份冬灌的地块油菜死苗率仅2.7%，未冬灌的油菜田死苗率达26.9%。

油菜冬灌要做到适时，灌水过早，起不到冬灌的作用；浇水过晚，气温低，土壤结冰，反而加重冻害。对于生长正常的油菜，冬灌的时机以土壤封冻前10~15天，日平均气温下降到5℃时（即小雪前后）较好。对于长势差的油菜，可适当早灌，以促进生长。

（四）灌好蕾薹水

开春油菜现蕾以后，随着气温不断升高，枝叶生长日渐加快，对水分需求量显著增加。水分供求状况是否良好关系到植株营养体的大小和角果的多少。

油菜蕾薹期，南方地区的雨水明显增多，油菜对水分的需求基本得到保证。此时的水分管理的重点是在冬前开沟的基础上，及时清理沟系，以防降水过多发生渍害。如果发生早春干旱，应根据土壤墒情适时灌水，可结合施蕾薹肥进行浇水，水肥并用，促进油菜生长，搭好丰产架子。

（五）稳浇开花水

油菜开花期，生长发育旺盛，不仅需水量较多，而且对水分反应敏感。此期缺水，对植株光合作用和植株开花数、角果数有很大影响。

北方春季一般干旱少雨，气温升高较快，蒸发量较大，因此，及时灌水是增花增角的有效措施。

但长江流域时常阴雨连绵、低温寡照，造成土壤含水量过高，通气不良，不利于油菜根系发育。田间湿度过大，有利于油菜菌核病的发生。因而应保持沟系畅通，确保降水后能及时排干，降低田间湿度。

花期如遇干旱，灌水应根据土壤肥力和植株长势而定，若土壤肥力高，生长繁茂，田间郁闭严重，可推迟灌水或不灌，以水控肥；相反，植株长势差则应早灌、多灌，以水促肥。一般开花期可灌水1~2次。

（六）补灌角果水

角果期保持土壤适宜的水分不仅可以增加结角数，使角果满尖，而且粒饱籽重，也有利于后茬作物播种。油菜角果期地温急剧上升，蒸发量大，若土壤干旱，可适时灌溉。

油菜角果期雨水偏多的南部产区易发生渍害，植株受渍早衰，影响产量、品质，因此，要做好开沟排水工作，降低地下水位，加速径流排水，减少土壤含水量，增强根系活力，以利于活熟到老。

油菜角果发育成熟期，常有高温艳阳、干热风劲吹的天气，易造成高温逼熟、千粒重降低、产量和品质下降，角果发育期水分适宜能提高粒重，保证品质，酌情灌水不能忽视。

第二节　油菜施肥技术与养分平衡

一、油菜的需肥特性

油菜吸肥力强，但养分还田多，所吸收的80%以上养分以落叶、落花、残茬和饼粕形式还田。

（一）秧苗阶段

在适时播种的情况下，该生育期一般为35～40天。此阶段气温较高，一般出苗后4～5天长1片叶，吸收的氮素占全生育期的7.2%，吸收的磷素和钾素分别占全生育期的2.2%和5.6%。该阶段吸收的养分虽然不多，却是培育壮苗的物质基础。

（二）大田苗期阶段

此期从移栽后到现蕾前，一般100天以上。如为直播油菜，苗期为130天左右。苗期干物质积累占总干物质的20%以上，吸收的氮素占全生育期吸收氮素总量的36%，磷素和钾素各占20%。这个生育阶段的时间最长，并经历约2个月的低温阶段。越冬前要吸收较多的营养元素，是需肥的重要时期。

（三）薹期阶段

自现蕾后到始花期，是油菜营养生长和生殖生长两旺、以营养生长为主的时期。油菜生长迅速，抽薹生枝，叶面积大幅度增长，到盛花期叶面积指数为全生育期最大值。花芽分化由弱到强，由慢到快，特别是第一次分枝上的花芽分化数急增。这个阶段是全生育期吸收氮素和钾素最多的时期。其中，吸收氮素占全生育期的45.8%，吸收磷素占21.7%，吸收钾素占54.1%。此阶段氮、磷、钾营养供应充足，对单株有效分枝和角果数有重要影响。

（四）开花期至角果发育成熟期

此阶段指始花到成熟所经历的日数，是生殖生长最旺盛时期。此期对氮钾养分的吸收积累相对较少，但对磷的吸收量为全生育期的最高峰，吸收的磷素占全生育期的58.3%，氮素占10.3%，钾素占21.7%。该时期以氮素代谢为主，磷素的同化和积累在茎部、角果中达到高峰。角果表皮和茎的光合作用所积累的有机物质逐渐转移到种子中储存。成熟期种子内氮素和磷素含量各占植株总含量的1/2左右。但是，如果后期施用氮素过多，会造成贪青，种子不饱满，秕粒增多，脂肪含量下降。而此期需要充足的磷素，以促进种子中脂肪的合成与转化，提高种子含油量。

二、施肥方法及注意事项

（一）施肥方法

油菜施肥方法主要有撒施、条施、穴施和叶面喷施等。撒施适用于基肥和大面积追肥，但肥料利用率相对较低，且易造成养分流失；条施和穴施可将肥料集中施于植株根部附近，肥料利用率高，但劳动强度较大；叶面喷施主要用于补充微量元素和后期追肥，能快速被植株吸收，但肥效持续时间较短。在实际生产中，应根据肥料种类、施肥时期和油菜生长情况选择合适的施肥方法。

（二）施肥的注意事项

一是要根据土壤肥力状况和油菜生长需求合理施肥，避免盲目施肥造成肥料浪费和环境污染。二是要注意肥料的搭配使用，保持氮、磷、钾及微量元素的平衡供应。三是施肥时要注意施肥深度和距离，避免肥料直接接触油菜根系，造成烧根现象。四是叶面喷施肥料时，要选择无风、晴朗的天气进行，一般在上午9—11时或下午4—6时喷施为宜，以提高肥料的吸收效果。五是要注意肥料的质量，选择正规厂家生产的肥料，避免使用假冒伪劣产品。

三、油菜施肥关键环节

（一）基肥施用

油菜植株高大，需肥量多，应重视基肥。基肥不足，幼苗瘦弱，即使大量追肥，也难弥补。

1. 基肥施用比例

油菜虽然中后期吸肥量较多，但生育初期对肥料十分敏感。因此，施足基肥、培肥地力是培育壮苗的基础，也是油菜一生需肥的保证。在施肥较多的情况下，基肥可占总肥量的70%左右；在施肥量中等水平时，基肥也要占50%；施肥量较少时，基肥可适当少施，占总肥量的30%~40%，以利于提高肥料利用率。

基肥占肥量的比例（主要是对氮素肥料而言），还与土壤特性、气候条件和肥料种类有关。如气温低、土质黏重，保肥力强，土壤比较贫瘠，基肥可占50%~80%。土质肥沃，基肥中人粪尿比例较大，冬季气温高，土壤养分分解较快的地区，基肥可占30%~50%，否则容易导致植株的徒长。

2. 基肥的施入深度

应施于根系最集中的土层。在一般耕作条件下，直播油菜的主根可入土40~50厘米，深耕和干旱地区可达100厘米以上，但支根和侧枝，尤其在主根受损害以后，大多分布在土表下20~30

厘米以内。当幼根入土 2 厘米左右时，便开始长出根毛，吸收土壤中的养分和水分。由此可见，油菜基肥应以普遍撒施为主，并耕翻至 20~30 厘米的耕作层内，化学磷肥和钾肥移动性小，可作为基肥 1 次集中（条施或穴施）施用。

3. 磷矿粉是油菜施用的好基肥

油菜根系的另一特点是能够分泌较多的有机酸，能吸收较多的钙和溶解难溶性磷，故油菜生育后期吸收利用难溶性磷肥（如磷矿粉）的能力强。磷矿粉含磷量较多，但磷的活度差，一般作物难以利用，却是油菜的好磷肥。南方几种主要土壤每亩施用磷矿粉 50 千克，可增产油菜籽 6~20 千克。磷矿粉肥效一般与用量成正比，每亩用量 50~60 千克即可取得很好的增产效果。

4. 施足钾肥对油菜非常重要

油菜全生育期严重缺钾，虽能开花，但不能结实。钾肥作基肥施用效果最好，比腊肥和春肥每亩分别增产 35.5 千克和 52.6 千克，因此钾肥必须作基肥施用，如来不及作基肥，也应作苗肥。总之钾肥早施增产作用大。

5. 施肥种类和数量

基肥应以有机肥及难溶性矿质磷肥为主，配合施用少量的氮素化肥，使其在油菜整个生育期中缓慢地释放养分，不断地满足生长发育的需要。

有机肥主要是牲畜粪、土杂肥、塘泥、饼肥等。用量视肥质而定，一般每亩施用 3 000~5 000 千克，同时施入 5~7.5 千克氮素化肥（尿素 11~16 千克或硫酸铵 25~27 千克）、过磷酸钙 20~30 千克和氯化钾 5~10 千克。在缺硫的土壤中，每亩施入过磷酸钙 20~30 千克或硫磺粉 2 千克作基肥可防止油菜缺硫。在严重缺硼的土壤中，还应加入 0.5 千克硼砂作基肥（如果土壤严重缺锌，还可加入硫酸锌 1~2 千克作基肥）。

(二) 种肥施用

种肥是指在油菜播种或移栽时，将肥料集中施在行内或穴内的一种经济施肥方法。在基肥不足的情况下，施用种肥有良好的效果。不少地方用磷肥和氮肥加一些有机肥拌种，使油菜种子大粒化，不但起到种肥的效果，而且有利于机械播种和对密度的控制。但大粒化的种子要求土壤水分充足，否则不易发芽。

油菜苗期对磷特别敏感，油菜真叶期缺磷，叶小叶少，仅能抽薹，不能正常现蕾开花，严重时颗粒无收。油菜 3~5 叶期是磷的营养临界期，油菜在这个时期所受缺磷的损害，即使后期获得正常的磷供应也无法补救。甘蓝型中熟油菜一般在 5 叶前进入花芽分化，因此油菜营养临界期与花芽分化无关。施用速效性磷肥作种肥，增产效果非常显著。

苗期及生育前期，油菜利用难溶性磷的能力不强，种肥只能用速效性磷肥。种肥应以磷钾肥为主，生产中普遍施用过磷酸钙、硫酸钾、土粪、渣肥、草木灰等，也有用牲畜粪水、人粪尿等作为种肥的。单独用过磷酸钙作种肥时，应加细土混合后再与种子混合。机播时，应制成颗粒肥，如氮磷、氮磷钾、磷钾复合颗粒肥。严重缺硼的土壤如果未施硼肥作基肥，每亩可加 0.5 千克硼砂或硼酸作种肥，对全苗、壮苗以及提高油菜返青成活均有良好效果，增产作用显著。

(三) 移栽油菜苗床施肥

随着两年三熟制、一年两熟制和一年三熟制油菜面积的扩大，各地油菜的育苗移栽面积也迅速扩大。施肥是壮苗的重要措施之一。

1. 施足基肥

一般瘦地、水稻土、黏土和砂土结构不良，应适当多施肥，

第五章 油菜田间管理与调控

每亩苗床多用人畜粪2 000~3 000千克作面肥,结合整地施于表土层,有利于出苗和幼苗生长。有的高产油菜区,播种前每亩用过磷酸钙25~30千克、氯化钾5~6千克撒施土面,与表土层混合,撒播种子后每亩再用优质带渣牛粪1 500~2 000千克兑水泼浇,使苗床充分湿润,保证发芽所需水分,可使种子发芽快,出苗齐,根系发达。如土壤肥沃,有机质充分,可适当减少用肥量。

2. 苗期追肥

油菜出苗后,幼苗密集,特别是3叶期,需要吸收较多的养分。幼苗缺肥出叶迟缓,幼叶细小,叶色淡绿,叶缘发红,苗子僵老,此时必须及时追肥。苗床追肥的要点是前期适当促进,勤施,满足体内氮素需要,促根展叶。

5叶期适当控制肥水,不使发棵太旺造成拥挤,并提高植株体内糖分含量,逐渐积累养分,使根茎发达。

苗齐追肥可结合间苗进行,既能及时补给养分,又有稳根镇土作用。

根据幼苗生长势,一般每次每亩用腐熟人畜粪水500~600千克,兑水多少视土壤墒情而定。如苗势差,可在二次追肥时每亩加施硫酸铵5~6千克或碳酸氢铵6~7千克。5叶期后不追肥。

移栽拔苗前7天左右再施一次"起身肥"或"送嫁肥",每亩除施人畜粪水外,每亩加施碳酸氢铵8~10千克,促使幼苗多发新根,移栽后易于成活,并保持土壤湿润,便于起苗。干旱时,每隔2~3天浇灌1次,可增加抗旱能力。

(四)追肥施用

油菜不同于其他作物,如果基肥不足,尤其是有机肥施用量少时,需要多次追肥。

1. 苗前期追肥

冬油菜年前生长时期为苗前期。苗前期应追施提苗肥和活棵肥。

（1）提苗肥。直播油菜，待全苗后，结合间苗进行追肥，以促进幼苗生长健壮。

（2）活棵肥。指移栽油菜后所施的肥，目的是保证幼苗成活，及早生根及返青，缩小移苗后的"假活"天数，减少移栽后死叶数，以达到冬发标准。移栽油菜7~10天活苗后，每亩施尿素5~10千克（或人粪尿1 000千克），也可将尿素混入人粪尿浇施。在缺磷缺钾土壤中，如果基肥未施磷钾肥，应补施磷钾肥。栽后25天左右视苗情再追适量尿素促苗。

2. 苗后期追肥

油菜在越冬的期间为苗后期，苗后期应追施腊肥、开盘肥。

（1）腊肥。腊肥是油菜进入越冬期施用的肥料。长江中下游地区，冬季气温低，地上部分生长缓慢，但地下部分仍在生长，施用腊肥可促根开盘，增加对土壤的覆盖，促进肥土融合，增强油菜的抗寒能力，减少冻害。

重施腊肥可使叶面积显著增加，促进翌年春油菜发棵长叶。腊肥一般在12月中下旬至翌年1月上中旬施用，与中耕结合进行，以迟效有机肥（厩肥、泥肥、饼肥等）为主，一般每亩用腐熟猪牛粪草1 000~1 500千克。施于植株根部或油菜行间，再进行中耕培土。如果油菜生长过旺，可少施或推迟施。腊肥用量多少还要根据基肥和种肥的施用情况而定，如果基肥、种肥施用量不足，腊肥就得重施和早施。对于缺肥的田块或长势差的三类苗，可配合增施少量的氮素化肥。

（2）开盘肥。冬油菜为低温和长日照作物，冬油菜中的甘蓝型品种在出苗后60天，开始花芽分化，植株基部形成大量腋芽，形成盘状，即为盘期。此期追施氮肥可提高产量24.1%，追肥以速效氮肥为主，每亩应追施腐熟人粪尿500~750千克（或尿素5~7.5千克）。

（3）蕾薹期追肥。蕾薹肥是在油菜抽薹前或刚开始抽薹时施用，供蕾薹期吸收利用的肥料。春后油菜进入蕾薹期，是营养生长和生殖生长并进期，是需肥最多的时期，也是增枝增角的关键时期。蕾薹肥施用不当也会带来不利的影响，因此要根据基肥、苗肥的施用情况和长势，酌情稳施蕾薹肥。蕾薹期外部的长相，应是封行不见垄、薹青略带红。薹高33厘米左右时，花蕾与顶叶同起，不应是菜薹独冲。当营养不足、达不到上述指标时，重施薹肥可促使光合面积增大，扩展根系，壮薹枝多，以达到增角增粒的目的。

蕾薹肥施用期一般在1月下旬至2月上中旬，具体施用情况在薹高5~10厘米时视长势而定，长势旺的迟施少施，长势弱或脱肥田应早施、重施，一般每亩施人粪尿750~1 000千克（或尿素7~10千克）。严重缺磷土壤，磷必须在冬前作苗肥或基肥来施用。而蕾薹期多用磷肥，延长了营养生长期，致使分枝、叶片及叶面积增加，不利于油菜的生殖生长，导致成熟期延迟。如果土壤缺硼，在苗后期至抽薹期喷施0.2%硼砂2~3次，有良好效果。干旱少雨时，要肥水结合，以水调肥。多雨地湿时，要穴施或结合中耕条施。

（4）花期追肥。油菜为无限花序，花芽多，但顶部花芽易脱落，主要原因是营养分配不均。花肥的主要目的是减少花芽退化脱落，增加花序结角数。油菜空粒形成的主要原因也是营养不足。从始花到终花后15天之间的营养状况是决定每角粒数的重要条件，所以花肥对增粒增重也有作用。

花肥施用技术：肥要巧施，长势旺、薹期施肥量大的可以不施或少施；对早熟品种不施或在始花期适量少施；看气候，如雨量适宜，通风透光好，花肥效果也好，而阴雨、低温则花肥加剧荫蔽而降低肥效。一般视前期施肥量和油菜长势确定施肥时期、数量和种类。前期施肥多、长势好的可结合病虫防治根外喷施磷、钾肥（即 0.3%磷酸二氢钾溶液）；长势差的地块除磷、钾肥外再每亩加施尿素 3~4 千克兑清水喷施 1~2 次。

（5）适当应用细菌肥料。细菌肥料，简称菌肥，是用人工方法培养某些有益生物制成的生物肥料。细菌肥料本身并不含营养元素，而是以细菌生命活动的产物来改善作物的营养，或发挥土壤潜力，或刺激作物生长，从而促进作物生长发育。菌肥种类很多，有根瘤菌剂、固氮菌剂、磷细菌剂、复合菌剂等。菌肥可与化肥配合施用，施用方法可采取基施、拌种、蘸根、叶面喷施等。

四、油菜养分平衡

（一）土壤养分检测与分析

定期对油菜田土壤进行养分检测是实现养分平衡的重要基础。通过检测土壤中的氮、磷、钾、有机质、酸碱度以及微量元素含量等指标，了解土壤养分状况，为科学施肥提供依据。一般每 2~3 年进行一次土壤检测，根据检测结果制定合理的施肥方案。如若土壤中氮素含量较高，可适当减少氮肥施用量；若土壤中磷素缺乏，则应增加磷肥施用量。同时，结合油菜的目标产量和需肥特性，确定各种养分的合理施用量，以实现土壤养分的平衡供应。

（二）轮作与间作的养分管理

合理的轮作和间作制度有助于维持土壤养分平衡。油菜与其他作物轮作，如与水稻、小麦等轮作，可利用不同作物对养分需求的差异，减少土壤中某些养分的过度消耗，同时改善土壤结构，增加土壤肥力。如水稻收获后，土壤中残留较多的磷、钾等元素，种植油菜可充分利用这些养分；而油菜收获后，土壤中残留的氮素相对较多，有利于后茬小麦的生长。在间作方面，油菜与豆类作物间作，豆类作物具有根瘤固氮作用，能增加土壤中的氮素含量，为油菜生长提供额外的氮源，同时豆类作物的根系分泌物还能改善土壤微生物环境，促进土壤养分的转化和吸收。

(三) 有机肥的施用与土壤改良

有机肥的施用是改善土壤结构、提高土壤肥力、维持土壤养分平衡的重要措施。有机肥中含有丰富的有机质、氮、磷、钾及其他微量元素，能为油菜生长提供全面的养分。同时，有机肥在土壤中分解后形成的腐殖质能改善土壤结构，增加土壤孔隙度，提高土壤的保水保肥能力和通气性，有利于油菜根系的生长和发育。在油菜生产中，应大力提倡施用有机肥，一般每亩每年施入腐熟的农家肥 1 500~2 000 千克，或商品有机肥 200~300 千克。此外，还可采用秸秆还田的方式增加土壤有机质含量，将油菜秸秆粉碎后还田，既能减少环境污染，又能提高土壤肥力。

(四) 合理灌溉与养分利用

合理灌溉对提高油菜对养分的吸收和利用效率具有重要作用。水分是养分运输的载体，适宜的土壤水分条件能促进根系对养分的吸收和运输。在干旱条件下，土壤中养分的有效性降低，根系对养分的吸收能力减弱；而在水分过多的情况下，土壤通气性变差，根系缺氧，也会影响养分的吸收。因此，要根据油菜生长需求和土壤墒情合理灌溉，保持土壤湿润但不过湿。同时，在灌溉时可结合施肥，采用水肥一体化技术，将肥料溶解在灌溉水中，通过滴灌、喷灌等方式将肥料和水分均匀地供应给油菜根系，提高肥料利用率，减少肥料浪费。

第三节 中耕除草与松土

一、油菜田主要杂草

油菜田杂草种类丰富,这些杂草与油菜竞争水分、养分、光照和生长空间,严重影响油菜的生长发育和产量。根据植物分类和形态特征,油菜田主要杂草可分为禾本科杂草、阔叶杂草和莎草科杂草三大类。

(一) 禾本科杂草

1. 看麦娘

看麦娘是油菜田极为常见的一年生禾本科杂草,广泛分布于我国各油菜种植区。其植株高度在15~40厘米,茎秆细弱,叶片条形,颜色淡绿。看麦娘种子在秋季随油菜播种萌发,与油菜共生期长,通过发达的根系大量吸收土壤中的氮、磷等养分,导致油菜因养分不足而生长缓慢、植株矮小。同时,其茎秆和叶片会遮挡阳光,影响油菜光合作用,降低油菜的光合产物积累,影响油菜产量。

2. 菵草

菵草是油菜田常见禾本科杂草,尤其在水旱轮作的油菜田发生较重。植株丛生,茎秆直立,叶片扁平且较宽。菵草繁殖能力强,种子量大,每株可产生数百粒种子,极易在田间扩散蔓延。它与油菜竞争生长空间,使油菜植株拥挤,通风透光条件变差,增加了油菜感染病虫害的风险。而且,菵草生长速度快,在短期内就能与油菜争夺养分和水分,对油菜苗期生长危害极大。

3. 牛筋草

牛筋草为一年生草本,根系极发达,扎根深,能深入土壤深层吸收水分和养分，使周边油菜难以获取足够资源。其茎秆坚韧，叶片狭长，耐踩踏和干旱。在油菜田生长时，牛筋草会占据大量空间，抑制油菜根系扩展，阻碍油菜植株生长，且人工拔除难度较大，增加了除草成本和劳动强度。

(二) 阔叶杂草

1. 繁缕

繁缕是典型的一年生阔叶杂草，多生长于潮湿、肥沃的油菜田。植株高度10~30厘米，茎细弱，呈匍匐状，叶片卵形，叶色较浅，茎上有一行短柔毛。繁缕繁殖迅速，常成片生长，与油菜争夺阳光和养分。其地上部分生长茂密，会严重遮挡油菜幼苗，影响油菜光合作用和通风，导致油菜苗生长不良，茎秆细弱，叶片发黄。此外，繁缕还是多种病菌和害虫的中间寄主，会增加油菜病虫害发生的概率。

2. 猪殃殃

猪殃殃是越年生或一年生蔓性杂草，茎四棱，棱上、叶缘及叶背面中脉上均有倒生小刺毛，叶片6~8片轮生，线状倒披针形。猪殃殃缠绕在油菜植株上生长，会严重影响油菜的正常生长和发育，阻碍油菜茎秆的直立生长和叶片的伸展，导致油菜无法进行正常的光合作用和养分运输。而且其根系在土壤中与油菜根系竞争养分和水分，致使油菜生长缓慢，分枝减少，角果数和籽粒数降低，从而显著降低油菜产量。

3. 荠菜

荠菜是十字花科一年生或二年生阔叶杂草，植株高10~50厘米，茎直立，基生叶丛生呈莲座状，叶片羽状分裂。荠菜适应性强，在各种土壤条件的油菜田均可生长。它不仅与油菜竞争养分、水分和光照，还会传播油菜病毒病等病害，对油菜产量和品质造成双重影响。荠菜生长迅速，种子产量高，容易在田间大量繁殖,若不及时防治,会迅速蔓延,严重影响油菜田的生态环境和生产效益。

(三) 莎草科杂草

1. 香附子

香附子是多年生莎草科杂草,具长匍匐根状茎,顶端膨大成棕褐色块茎,茎直立,三棱形,叶片基生,窄线形。香附子以块茎和种子繁殖,其块茎生命力强,在土壤中可存活多年,且能不断萌发新的植株,难以根除。在油菜田,香附子会大量消耗土壤养分,其地下块茎还会挤压油菜根系生长空间,影响油菜根系发育。同时,香附子地上部分生长旺盛,会遮挡阳光,降低油菜田的通风透光性,为病虫害滋生创造条件。

2. 水蜈蚣

水蜈蚣是多年生草本,丛生,地下茎细长而匍匐,顶端膨大成块茎。水蜈蚣喜湿润环境,在地势低洼、排水不良的油菜田发生较多。它的根系发达,能迅速吸收土壤中的水分和养分,与油菜竞争激烈。水蜈蚣的地上茎秆和叶片生长密集,会严重影响油菜的生长空间和光照条件,导致油菜植株矮小、生长缓慢,严重时可使油菜大面积减产。

二、中耕除草与松土的作用

(一) 控制杂草生长

杂草与油菜争夺水分、养分和光照资源,严重影响油菜生长发育。中耕除草能够直接破坏杂草根系,将杂草连根铲除或切断地上部分,抑制杂草生长。同时,中耕后土壤表面状况改变,不利于杂草种子萌发和幼苗生长。如在油菜苗期,及时中耕除草可有效控制看麦娘、鹅肠菜等常见杂草的生长,减少杂草与油菜的竞争。

(二) 改善土壤通气性

随着油菜生长和农事操作，土壤容易出现板结现象，导致通气性变差。中耕松土能够打破土壤板结层，增加土壤孔隙度，使空气能够更顺畅地进入土壤深层，为油菜根系提供充足的氧气，促进根系呼吸作用。良好的通气条件有助于根系生长健壮，增强根系对养分和水分的吸收能力，进而提高植株的整体抗逆性。

(三) 调节土壤水分

中耕除草与松土对土壤水分具有良好的调节作用。在干旱时期，中耕可切断土壤毛细管，减少土壤水分蒸发，起到保墒作用。在多雨季节，中耕可增加土壤排水能力，避免因积水导致根系缺氧。通过疏松土壤，使多余水分能够迅速下渗或排出田间，防止渍涝对油菜生长造成危害。如在南方多雨地区，油菜田经过雨后及时中耕，能有效降低土壤含水量，减少因积水导致的根系腐烂和植株倒伏现象。

(四) 促进养分转化与吸收

中耕过程中，土壤颗粒结构得到改善，微生物活动更为活跃。土壤中的有益微生物在适宜的环境下大量繁殖，它们参与土壤中有机物的分解和养分转化过程，将土壤中难以被油菜直接吸收的养分转化为可吸收态。例如，微生物可将土壤中的有机氮分解为铵态氮和硝态氮，将有机磷转化为水溶性磷，提高土壤养分有效性。同时，中耕后根系生长环境改善，根系与土壤接触面积增大，能够更好地吸收这些养分，促进油菜植株生长。

三、中耕除草与松土的时间和次数

(一) 苗期

油菜苗期是中耕除草与松土的关键时期。在直播油菜2~

3叶期进行第一次中耕,此时幼苗较小,中耕深度宜浅,一般为3~5厘米,以疏松表土、破除板结、促进幼苗扎根为宜。结合间苗定苗,拔除行间杂草,减少杂草与幼苗的竞争。在油菜4~5叶期进行第二次中耕,深度可适当增加至5~7厘米,促进根系下扎。对于移栽油菜,在移栽成活后进行第一次中耕,同样浅耕3~5厘米,清除移栽过程中形成的土壤板结层,促进新根生长。之后根据杂草生长情况和土壤状况,在苗期进行2~3次中耕除草,保持田间整洁,为油菜幼苗生长创造良好环境。

(二)蕾薹期

蕾薹期是油菜生长的旺盛阶段,此时中耕除草与松土对促进植株生长和防止倒伏具有重要作用。在油菜薹高5~10厘米时进行中耕,深度为7~10厘米,此次中耕可结合施肥进行,将肥料埋入土壤中,提高肥料利用率。中耕时要注意避免损伤油菜根系和薹茎。同时,及时清除田间杂草,减少杂草对养分的消耗。对于杂草较多的田块,可适当增加中耕次数,但要注意操作时不要对油菜植株造成过大伤害。

(三)开花期至角果发育成熟期

开花期至角果发育成熟期一般不再进行中耕,以免损伤根系和果荚,影响油菜的正常生长和产量。此时若有少量杂草,可采用人工拔除的方式进行清除,避免使用机械或化学除草方法,防止对油菜植株造成机械损伤或产生药害。

四、中耕除草与松土的方法

(一)中耕方法

1. 人工中耕

人工中耕是一种传统且灵活的中耕方式,适用于各种地形和种植规模的油菜田。在操作时,使用锄头、小铲子等工具,在油菜行间和株间进行松土作业。人工中耕能够精准控制中耕深度和范围,避免对油菜根系和植株造成过度损伤。对于一些地势崎岖、机械难以到达的山区油菜田,人工中耕是主要的中耕方式。但人工中耕劳动强度大、效率低,成本较高。

2. 机械中耕

随着农业机械化的发展,机械中耕在大面积油菜种植中得到广泛应用。常用的机械有中耕机、微耕机等。机械中耕效率高,能够在短时间内完成大面积中耕作业。在使用机械中耕时,要根据油菜种植行距和株距调整机械参数,确保中耕深度和宽度适宜。一般中耕机的作业深度可在3~15厘米内调节,可根据油菜不同生育期的需求进行设置。例如,在油菜苗期,可将中耕机深度设置为3~5厘米;在蕾薹期,可将深度调整为7~10厘米。机械中耕能够显著提高劳动效率,降低生产成本,但在操作过程中要注意避免机械碰撞油菜植株,造成损伤。

(二) 除草方法

1. 人工除草

人工除草是最直接、最安全的除草方式,适用于杂草数量较少或对化学药剂敏感的油菜品种。人工除草能够准确识别杂草,将其连根拔除,避免杂草再次生长。在油菜生长前期,人工除草可结合间苗定苗进行,及时清除行间和株间的杂草。但人工除草劳动强度大、成本高,对于大面积油菜田,难以在短时间内完成除草任务。

2. 化学除草

化学除草具有高效、快捷的特点,能够在短时间内控制大面积杂草生长。在使用化学除草剂时,要根据杂草种类选择合适的药剂,并严格按照使用说明进行操作,控制用药量和用药时间,避免产生药害。在油菜生长过程中,要注意避免除草剂飘移到油菜植株上,造成叶片灼伤、生长受阻等药害现象。同时,要注意交替使用不同类型的除草剂,防止杂草产生抗药性。

3. 物理除草

物理除草主要包括覆盖除草和机械除草。覆盖除草是利用地膜、秸秆等覆盖物,覆盖在油菜行间,抑制杂草生长。例如,在油菜种植后,使用黑色地膜覆盖,可有效阻挡阳光照射,使杂草因无法进行光合作用而死亡。秸秆覆盖不仅能抑制杂草生长,还能起到保墒、增加土壤有机质的作用。机械除草除了前面提到的中耕机除草外,还可使用割草机等设备,对行间较高的杂草进行割除。物理除草环保、安全,但覆盖除草需要一定的材料成本,机械除草可能对油菜植株造成一定损伤,需要谨慎操作。

第四节　植株调整与生长调控

一、油菜植株调整技术

(一) 间苗、定苗和补苗

油菜苗期植株调整主要以间苗、定苗和补苗为主,目的是保证合理的种植密度,培育壮苗。在直播油菜2~3叶期进行间苗,拔除过密、弱小、病残的幼苗,防止幼苗相互拥挤,争夺养分、水分和光照,改善田间通风透光条件。间苗时按照预定的种植密度,保持适宜的株距,一般大苗型油菜品种株距保持在20~25厘米,小苗型品种株距保持在15~20厘米。间苗过程中要注意操作细致,避免损伤留存幼苗的根系。

当油菜长至4~5叶期时进行定苗,确定最终的种植密度。定苗时选生长健壮、叶片完整、根系发达的幼苗,去除弱苗、病苗和畸形苗。定苗后要确保每亩基本苗数符合种植要求，一般甘蓝型油菜大苗移栽每亩留苗8 000～10 000株，直播每亩留苗12 000～15 000株；白菜型油菜直播每亩留苗20 000～30 000株。对于缺苗断垄的地块，要及时进行补苗，可采用移栽备用苗或补种的方式，补苗时间越早越好，以保证补栽苗与大田苗生长一致，避免出现大小苗现象，影响田间整齐度和整体产量。

(二) 打薹和摘叶

蕾薹期的植株调整主要包括打薹和摘叶。当油菜薹长至20～30厘米时，对于生长过旺、有早薹趋势的油菜田，可进行打薹处理。打薹能抑制植株顶端优势，减少养分向上部集中供应，促使养分向侧枝分配，增加分枝数和角果数。打薹时用剪刀或刀片在薹顶部3～5厘米处斜向剪断，切口要平滑，避免损伤主茎。打薹后的油菜田，要及时追施适量速效氮肥，一般每亩追施尿素5～8千克，促进侧枝萌发和生长。

同时，摘除基部的老叶、黄叶和病叶，这些叶片光合作用能力弱，且容易感染病害，摘除后可改善田间通风透光条件，降低湿度，减少病虫害发生概率。摘叶时要注意不要损伤茎秆，一般从植株基部开始，每次摘除2～3片，分2～3次进行，避免一次性摘叶过多影响植株光合作用。

(三) 去除无效分枝和荫蔽枝

开花期至角果发育成熟期植株调整主要是去除无效分枝和荫蔽枝。无效分枝是指不能正常开花结荚或结荚很少的分枝，它们会消耗大量养分，影响主茎和有效分枝的生长发育。在油菜盛花期后，及时去除植株中下部的无效分枝，减少养分消耗，使养分集中供应到有效分枝和角果上，促进角果发育和籽粒饱满。对于生长过于繁茂、相互遮挡严重的植株，可适当去除部分荫蔽枝，改善群体通风透光条件，提高光合作用效率，减少病害发生,提高油菜的结实率和千粒重。

二、油菜生长调控技术

(一) 化学调控

化学调控是通过施用植物生长调节剂来调节油菜的生长发育进程。在油菜苗期,对于生长过旺的油菜田,可在3~5叶期喷施多效唑进行控旺。多效唑能抑制植株纵向生长,促进横向生长,使油菜植株矮壮,根系发达,叶片增厚,增强植株的抗寒、抗旱能力。一般每亩用15%多效唑可湿性粉剂50~80克,兑水50~60千克均匀喷雾。喷施时要注意避开高温时段,确保药液均匀喷洒在叶片上,避免重喷和漏喷。

在蕾薹期,为防止油菜徒长倒伏,可喷施烯效唑。烯效唑具有活性高、残留期短的特点,能有效控制薹茎伸长,增加茎秆粗度和韧性,提高植株抗倒伏能力。每亩用5%烯效唑可湿性粉剂30~50克,兑水40~50千克喷雾。同时,在蕾薹期和开花期,喷施硼肥和磷酸二氢钾等叶面肥,能促进花芽分化、提高结实率和千粒重。一般每亩用0.2%~0.3%的硼砂溶液和0.3%~0.5%的磷酸二氢钾溶液,每隔7~10天喷1次,连续喷施2~3次。

(二) 环境调控

环境调控主要包括温度、光照和水分的调节。在冬季气温较低地区,可通过覆盖地膜、稻草等方式提高地温,保护油菜幼苗安全越冬。地膜覆盖能有效减少土壤热量散失,提高土壤温度2~3℃,同时还能保持土壤水分,抑制杂草生长。覆盖稻草可起到保温、保湿和防冻的作用,一般每亩覆盖稻草200~300千克。

在光照方面,对于种植密度过大、田间郁闭的油菜田,可通过修剪枝叶、去除遮挡物等方式改善光照条件。在雨水较多的地区,要加强田间排水,避免因积水导致根系缺氧,影响植株生长。通过合理灌溉，保持土壤湿润但不过湿，满足油菜不同生育阶段对水分的需求，促进植株正常生长发育。如在油菜开花和角果成熟期，保持土壤含水量在田间持水量的 75%~85%，有利于角果发育和籽粒充实。

(三) 生物调控

生物调控主要是利用有益微生物和生物制剂来调节油菜的生长和土壤环境。在油菜种植前，可施用含有根瘤菌、固氮菌、解磷解钾菌等有益微生物的菌肥，改善土壤微生物群落结构，增加土壤中有益微生物数量。这些有益微生物能够固定空气中的氮素，分解土壤中难溶性的磷、钾等养分，提高土壤养分有效性，促进油菜根系生长和养分吸收。如施用根瘤菌肥后，油菜根系根瘤数量增多，固氮能力增强，植株生长健壮，叶片浓绿。

此外，还可以利用生物农药防治病虫害，减少化学农药的使用，降低对环境和油菜植株的伤害。生物农药如苏云金杆菌、白僵菌等，对害虫具有特异性的致病作用，能有效控制害虫数量，同时对天敌昆虫和生态环境安全无害，有利于维持田间生态平衡，促进油菜健康生长。

第六章 油菜病虫害绿色防控技术

第一节 油菜绿色综合防控策略

油菜病虫害绿色综合防控旨在以"预防为主、综合防治"为核心植保方针,通过整合多种绿色防控手段,降低病虫害对油菜的危害,保障油菜产量与品质,同时减少化学农药使用,保护生态环境。

一、农业防控

(一)选用优良品种

因地制宜挑选高产、优质且抗(耐)病虫能力强的油菜品种,是绿色防控的首要环节。在霜霉病、病毒病高发区域,甘蓝型油菜品种凭借其自身抗性优势,能显著降低发病概率。播种前,严格筛选种子,剔除携带病菌、虫卵的种子,从源头上减少病虫害滋生隐患。

(二)合理轮作倒茬

合理轮作能有效打破病虫害生存链条,减少其在田间的积累。选择与非十字花科作物轮作,如油菜与水稻、小麦等轮作,可大幅降低土壤中病菌和害虫数量。在具备条件的地区,推行水旱轮作效果更佳。轮作不仅能防控病虫害,还能改善土壤结构,提升土壤肥力,促进油菜健康生长。

(三) 精细田间管理

在菌核病常发区域,播种前深耕深翻土壤,深度达 25~30 厘米,将土壤表层菌核深埋,抑制其萌发。油菜生长期间,及时清理田园,将残株败叶带出田外集中处理,减少病原菌和害虫栖息场所。合理密植,依据品种特性和土壤肥力确定种植密度,如甘蓝型油菜大苗移栽每亩保持 8 000~10 000 株,确保田间通风透光良好。雨后及时排水,降低田间湿度,使湿度维持在不利于菌核病等病害发生的水平(相对湿度 70% 以下)。结合中耕除草,定期摘除油菜基部老黄脚叶和病叶,既能减少虫卵附着,又能降低菌源基数,减轻病虫害发生程度。科学施肥同样关键,在油菜初花期,按照使用说明叶面喷施磷酸二氢钾+速效液体硼肥,增强植株抗病能力,使植株生长更为健壮,抵御病虫害入侵。

二、物理防控

(一) 黄板诱杀小型害虫

油菜苗期,蚜虫、黄曲条跳甲等小型害虫活动频繁,此时利用全降解黄板进行诱杀效果显著。依据蚜虫等害虫的趋黄特性,在田间每亩均匀悬挂 20~30 块黄板,黄板悬挂高度应与油菜植株顶部平齐或略高。黄板可有效诱捕大量害虫,减少害虫取食和繁殖,降低虫口密度,对预防病毒病传播意义重大。

(二) 灯光诱杀害虫成虫

频振式杀虫灯灯光诱虫的有效范围通常以害虫可看见诱虫光源的距离为半径画圆,一般距离为 80~100 米,有效面积 2~3 公顷(30~45 亩)。不过,由于各种害虫视力存在差异,为保证杀虫灯效果,通常将其有效范围确定为 1.5~2 公顷(20~30 亩)。实际安装密度还需考虑光源种类、功率、安装高度等因素。例如,节能灯光效率高,较低功率的节能宽谱诱虫灯诱虫范围可能超过较大功率的白炽灯、普通荧光灯和紫外灯；杀虫灯安装位置越高，有效范围越大，但安装过高不便于操作，一般建议最佳安装高度在1.5~2.5米。

（三）性信息素诱捕特定害虫

在小菜蛾等鳞翅目害虫发生较重区域，每亩挂放1~3个性信息素诱捕器。性信息素诱捕器模拟雌性害虫释放的性信息素，吸引雄性害虫前来交配，进而将其捕获。这种方法能精准诱杀目标害虫雄性成虫，破坏害虫交配繁殖链，使害虫种群数量得到有效控制。

三、生物防控

（一）利用有益微生物

在菌核病常发区域，结合深翻播种和科学施肥，向土壤中施用盾壳霉、木霉菌以及枯草芽孢杆菌等生物菌剂。这些有益微生物能够加速土壤中菌核的腐烂分解，减少田间菌核数量，从根源上降低菌核病发生风险。

（二）使用生物农药

针对不同病虫害，选用合适的生物农药进行防治。如在油菜苗期，选用多粘类芽孢杆菌、枯草芽孢杆菌等生物农药对种子进行包衣或拌种，可有效预防苗期病害。在蚜虫、小菜蛾等害虫发生初期，选用金龟子绿僵菌、苏云金杆菌等生物制剂进行喷雾防治。生物农药具有高效、低毒、对环境友好等优点，能在有效控制病虫害的同时，减少对天敌昆虫和生态环境的负面影响，维持田间生态平衡。

四、科学用药

（一）把握防治时机

在多种病虫害同时发生时，秉持"一喷多防"策略，明确首要防治对象，兼顾其他病虫害。如在油菜花期，若菌核病与蚜虫同时发生，应重点防治菌核病，同时兼顾蚜虫防治。精准把握病虫害防治关键时期，如油菜菌核病，在盛花期至终花期，当叶病株率达10%以上、茎病株率在1%以下时进行药剂防治；油菜霜霉病，从苗期开始，当病株率在20%以上时开始喷药防治，每隔7~10天喷1次，连续喷施2~3次。

（二）合理选择药剂

优先选用生物农药，在生物农药无法满足防治需求时，合理选用化学农药。注意药剂轮换使用，避免单一药剂长期使用导致病虫害产生抗药性。如在菌核病防治中，初期可选用盾壳霉、地衣芽孢杆菌等生防菌；发生较重时，可选用咪鲜胺、氟唑菌酰羟胺、啶酰菌胺、腐霉利、异菌脲等化学药剂。严格按照农药标签标注的用药量和方法科学施用农药，确保防治效果的同时，保障油菜生产安全和质量安全。在花期施药时，充分考虑对授粉蜜蜂的影响，避免使用对蜜蜂毒性高的药剂，如吡虫啉、噻虫嗪等新烟碱类药剂。

第二节 油菜主要病害绿色防控技术

一、菌核病

（一）主要症状

油菜菌核病危害油菜的茎、叶、花和菜荚，其中对茎部的危害最重。茎部染病后出现淡褐色水浸状梭形病斑，接着这些病斑变成灰白色且茎秆发生软腐现象。随着病菌繁殖，发病部位产生白霉，茎秆变干时，表皮裂开，植株易倒。发病后期，病秆内变空，内有白色棉絮状的菌丝和黑色鼠粪状菌核。

（二）发生规律

3月中下旬气温回升在15℃以上时，越冬菌核产生大量病菌孢子，这些孢子会随风传播，侵入油菜。4月上中旬，油菜开花结荚时，气候温暖、多雨、潮湿，油菜发病最为集中且病害最严重。若旱地连年种植油菜，土壤中菌核残留量就较多，油菜菌核病病情会更重。油菜密植度高，病害更容易发生和发展。

（三）防治方法

1. 农业防治

第一，选用早熟、高产、抗病品种。第二，深耕培土，减少菌源。油菜播种前深耕土壤。开春后及时中耕培土，抑制菌核萌发，降低发病率。第三，精选种子，清除菌核。播种前用20%硫酸铵或10%盐水选种，清除混在种子里的菌核。第四，改善栽培管理，提高油菜抗病能力。合理密植，注意开沟排水；重施基肥和苗肥，早施蕾苔肥，多施钾肥。

2. 化学防治

在油菜初花期至盛花期，当田间病叶率达10%时，应立即喷药防治。可选用40%菌核净可湿性粉剂1 000~1 500倍液、70%甲基硫菌灵可湿性粉剂1 000~1 500倍液或50%异菌脲可湿性粉剂1 500~2 000倍液进行喷雾，间隔7~10天喷1次，连喷1~2次。施药时应注意将药剂重点喷在主茎的中下部茎叶上，以提高防治效果。同时，注意交替使用上述药剂。

二、霜霉病

（一）主要症状

油菜霜霉病发病初期，病叶正面会出现淡绿色小斑，之后病斑会逐渐扩大，变成多角形或不规则形，同时病叶颜色由黄绿色变成黄色，叶背面长出白色霜霉层。接着，病斑变为褐色，受害严重的病叶整片变黄,甚至干枯早落。

（二）发生规律

病菌产生分生孢子的适宜温度为8~10℃,分生孢子萌发的适宜温度为7~16℃、适宜相对湿度为90%以上。24℃有利于病菌发育,弱光条件有利于该菌侵染油菜。春季4—5月气温为10~20℃时,油菜进入开花结荚期,如果遇到多雨潮湿天气导致田间湿度大,该病极易发生。如果旱地作物与油菜连作或者油菜早播,油菜霜霉病发病后病情会较重;适当晚播,油菜霜霉病发病后病情会较轻。

（三）防治方法

1. 农业防治

第一,选用抗病品种。第二,处理种子。播种前用10%盐水选种,清除带病秕粒,然后用清水冲洗留下的饱满种子,晾干后播种。第三,加强田间管理。施足底肥,勤施苗肥,增施磷肥,早施苔肥,促使幼苗茁壮生长,提高植株抗病能力。清沟排水,摘除底部老黄叶,以利于通风透光。

2. 化学防治

3月上旬是油菜霜霉病多发期,要提前预防。当病株率达20%时,应及时喷药防治。可以选用60%甲霜·锰锌可湿性粉剂800倍液、69%烯酰·锰锌可湿性粉剂1 200倍液进行喷雾,间隔7~10天喷1次,连喷2~3次。同时,注意交替使用上述农药。

三、根肿病

（一）主要症状

根肿病是土传真菌病害,除危害油菜外,还能危害白菜、甘蓝、萝卜等十字花科蔬菜。油菜整个生育期都可感染根肿病,苗期危害最重。油菜根肿病发病时,病菌先侵害油菜根部的薄壁组织，致使油菜根部形成一种纺锤形或不规则形的肿瘤。肿瘤颜色会逐渐变深，表面变得粗糙，发病组织会腐烂发臭。油菜根肿病发病后，油菜根毛很少，植株萎蔫、叶片缺乏光泽，严重时全株枯死。

（二）发生规律

土壤、病残体、未腐熟的粪肥、农具、灌溉水等均可传播油菜根肿病。油菜根肿病病菌喜酸性土壤，当土壤的pH值为5.4~6.5时，病害发生得会较严重。病菌适宜的繁殖温度为20~24℃，低于10℃或高于30℃时，植株不易发病。连作地发病较严重。

（三）防治方法

1. 农业防治

第一，选用抗病品种。第二，选用无病苗的苗床并对苗床进行消毒。采用营养钵育苗，施用甲醛对床土进行消毒。第三，移栽前用50%福美双可湿性粉剂1 000倍液浸根。第四，当田间发现病株时要及时将其拔除销毁，同时补栽壮苗。第五，推迟播种期。晚播可降低油菜根肿病的发生概率。第六，油菜根肿病病菌不耐干旱，喜潮湿土壤，所以应避免在地势低洼地块栽种油菜。第七，发现病株要及时将其拔除并烧毁。

2. 化学防治

定苗后抽薹前，可选用20%乙酸铜可湿性粉剂500倍液、10%氰霜唑悬浮剂2 000倍液或30%噁霉灵水剂1 000~2 000倍液灌根，间隔10~15天浇灌1次，连续浇灌2~3次。同时，注意交替使用上述药剂。

四、病毒病

（一）主要症状

油菜病毒病发病初期，新叶上出现黄斑、枯斑或变成花叶，茎秆上会产生长短不等的黑褐色条斑,病斑后期会纵裂。病情轻的植株常出现矮化、畸形现象,病情严重的病株会半边或全株枯死。

(二) 发生规律

油菜病毒病主要由有翅蚜迁飞传染,特别是在桃蚜、萝卜蚜危害严重时,容易流行。天气干旱少雨有利于有翅蚜迁飞和繁殖,这时,油菜病毒病发病较严重。播种越早,带毒蚜虫迁往油菜苗的时间就越早,病毒传播频率就越高,病情也越重。

(三) 防治方法

1. 农业防治

第一,选用抗病品种。推广甘蓝型油菜品种是防治油菜病毒病的一个重要途径。第二,适当延迟播种时间,避开蚜虫迁飞高峰期,减少病害发生次数。以9月下旬以后播种为宜。第三,加强栽培管理。油菜苗床要远离传染源,播种前要对苗床周围的十字花科蔬菜进行治蚜。同时,加强苗期管理,培育壮苗,施足苗肥,增强油菜苗的抗性;结合中耕除草、间苗、定苗时拔除弱苗、病苗。

2. 化学防治

在移栽油菜前的2~3天,在苗床上喷"起身药"。可选用20%哒嗪硫磷乳油800倍液、25%噻虫嗪水分散粒剂6 000倍液或10%高效氯氰菊酯乳油2 000倍液,间隔5~7天喷1次,连喷2~3次。田间发病初期,可交替使用上述农药。

五、白锈病

(一) 主要症状

油菜从苗期到成株期都可发生,危害叶片、茎、花、荚。叶片发病,先在叶面出现淡绿色小点,后变黄绿色,在同处背面长出白色隆起的疱斑，一般直径为1~2毫米，有时叶面也长疱斑，发生严重时密布全叶，后期疱斑破裂，散出白粉。茎和花梗受害，显著肿大，也长白色疱斑，种荚受害肿大畸形，不能结实。叶片表面生淡绿色小病斑，叶背面病斑处长出白色疱状斑，即病原菌的孢子堆。后期疱斑表皮破裂散出白色粉状的孢子囊。茎和花序上也可生白色疱斑，并肿大弯曲呈畸形。除危害油菜外，还危害其他十字花科蔬菜。

（二）发生规律

本病由白锈菌真菌侵染所引起。病原菌以卵孢子在病株残体上、土壤中和种子上越夏、越冬。秋播油菜苗期卵孢子萌发产生游动孢子，借雨水溅至叶上，在水滴中萌发从气孔侵入，引起初次侵染。病斑上产生孢子囊，又随雨水传播进行再侵染。冬季以菌丝或卵孢子在寄主组织内越冬。白锈病是一种低温病害，只要水分充足，就能不断发生，连续危害。品种间抗病性有差异。

（三）防治方法

1. 农业防治

（1）使用抗病的包衣种子，选择抗病能力较强的油菜品种进行栽培，如芥菜型油菜通常比甘蓝型油菜更抗病。

（2）与非寄主植物实行2年以上轮作，减少土壤中病原菌的积累。

（3）田间发现病株及时拔除带出田外进行处理，减少病原数。

（4）加强田间管理，一是要合理密植，防过密引起植株徒长，创造发病条件；二是勤中耕，疏松土壤，促进植株健壮生长，增强抗逆性，减少发病；三是科学施肥，以有机肥为主，增施磷、钾肥，少施氮肥，根据油菜长势适时施苗肥、薹肥等，提高植株的抗病能力；四是合理浇水，不过多浇水，遇旱及时浇水,遇雨及时排干田水,降低土壤和植株间湿度,避免为病菌侵染创造有利环境。

2. 化学防治

发病初期,可选用75%百菌清可湿性粉剂600倍液、40%多·锰锌可湿性粉剂600倍液等进行防治,每隔7天用药1次,连续用药2~3次。

六、黑斑病

(一) 主要症状

主要危害叶片、叶柄、茎和角果。叶片染病初生褐色圆形病斑,略具同心轮纹,有时四周有黄色晕圈,湿度大时上生黑色霉状物。叶柄、叶柄与主茎交接处染病形成椭圆形至梭形轮纹状病斑,环绕侧枝与主茎一周时,致侧枝或整株枯死。

(二) 发生规律

本病流行与品种、气候和栽培条件关系密切。白菜型油菜最感病,甘蓝型较抗病,芥菜型油菜中植株矮、分枝低、生长茂密、叶面蜡层薄的品种不抗病,反之,则抗病。油菜开花期遇有高温多雨天气,潜育期短,易发病。地势低洼连作地,偏施过施氮肥发病重。

(三) 防治方法

1. 农业防治

选用抗病品种,播种前对种子进行消毒处理。合理施肥,增施磷钾肥,增强植株抗病力。及时清除病叶、病株,减少病原菌传播。

2. 化学防治

发病初期及时喷洒70%百菌清可湿性粉剂800倍液+50%异菌脲可湿性粉剂1 500倍液;80%代森锰锌可湿性粉剂500倍液+50%多菌灵可湿性粉剂500倍液;50%多菌灵可湿性粉剂500倍

液，每隔7~10天喷1次，连喷2~3次。

七、炭疽病

(一) 主要症状

叶片发病，初期为水渍状小点，后扩大为圆形或近圆形病斑，中央灰白色，边缘褐色，有明显轮纹，病斑上散生黑色小粒点（病菌分生孢子盘）。叶柄和茎发病，病斑为长圆形或梭形，褐色，凹陷。

(二) 发生规律

菌丝随病残体遗落土中或附在种子上越冬。翌年分生孢子长出芽管侵染，借风或雨水飞溅传播。潜育期3~5天，病部产出分生孢子进行再侵染。每年发生期主要受温度影响，而发病程度则受适温期降水量及降雨次数多少影响，属高温高湿型病害。

(三) 防治方法

1. 农业防治

轮作倒茬，避免连作。加强田间管理，及时排水，降低田间湿度。清除病残体，减少病原菌。

2. 化学防治

发病初期开始喷洒40%多·硫悬浮剂700~800倍液、70%百菌清可湿性粉剂1 000倍液、80%福·福锌可湿性粉剂800倍液，每隔7~10天喷1次，连续防治2~3次。

八、猝倒病

(一) 主要症状

主要发生在油菜幼苗期，幼苗茎基部出现水渍状病斑，后病斑迅速扩展，缢缩成线状，幼苗倒伏死亡。湿度大时，病部及周围土面会长出白色绵毛状菌丝。

（二）发生规律

病菌以卵孢子在病残组织内及土壤中越冬越夏。土壤内普遍存在此病菌，条件适宜时萌发产生游动孢子，或直接产生芽管侵入寄主危害。也可由菌丝体在病残组织上营腐生生活，产生孢子囊，直接侵害幼苗；田间孢子囊和游动孢子靠雨水溅泼传播。多雨地区，在高温条件下，温度28℃左右病菌易于侵染幼苗。幼苗过密，光照不足，通风不良，湿度过大易发病。

（三）防治方法

1. 农业防治

选择地势高、排水良好的地块种植。苗床土要进行消毒处理，可选用多菌灵、福美双等药剂处理土壤。加强苗床管理，控制浇水，保持苗床通风透光。

2. 化学防治

发病初期，可选用25%甲霜灵可湿性粉剂500倍液、75%百菌清可湿性粉剂1 000倍液、72.2%霜霉威盐酸盐水剂400倍液、95%噁霜·锰锌可湿性粉剂4 000倍液等喷雾防治，每隔7~10天施药1次，连续施药2~3次。

九、立枯病

（一）主要症状

油菜立枯病一般在遭受连阴雨时容易出现的烂根烂棵死苗现象。油菜病株初感染症状：靠近地面的茎叶出现黑色凹陷病斑；湿度大时，病斑上长出淡褐色蛛丝状菌丝，病叶萎垂发黄，易脱落。菜苗根茎部受害，在茎基部或靠近地面处出现褐色病斑，略凹陷，以后渐干缩，根茎部细缢，病苗折倒。成株期受害后，根茎部膨大，根上均有灰黑色凹陷斑，稍软，主根易拔断，断截上部常生有少量次生须根。严重时菜苗全株枯萎，越冬期不耐严寒,易受冻害死苗。

(二) 发生规律

油菜立枯病是一种真菌性病害,病害主要以菌丝体或菌核在土中或病残株中越冬越夏,在土中营腐生生活,生活力可维持2年以上,带病土壤是主要传染来源。病菌发育最适温度为25℃左右。阴雨气候条件下易侵染寄主,该病常伴随着渍害同时发生。一般在植播期遭受连阴雨天气,造成烂耕烂种现象,苗床油菜苗和早栽大田油菜苗会发病早、危害重。其次是土质黏重,苗龄过长,田间排水不畅也是加重病害发生的主要原因。

(三) 防治方法

1. 农业防治

苗床应选择地势高、排水良好、土壤肥沃的地块。苗床土要进行消毒。合理密植,加强通风透光,控制苗床湿度。

2. 化学防治

当油菜苗刚进入发病初期,应抢晴天及时采用药剂防治,抑制病情扩展。每亩用75%百菌清可湿性粉剂600~700倍液、50%多菌灵可湿性粉剂800~1 000倍液、70%敌磺钠可溶粉剂1 000倍液;每亩喷洒药液60千克。重病田间隔7天喷洒1次,连续2~3次,有较好的预防和治疗作用。

十、黑胫病

(一) 主要症状

油菜黑胫病属真菌病害。油菜各生育期均可感病。病部主要是灰黑色枯斑,斑内散生许多黑色小点。子叶、幼茎上病斑形状不规则,稍凹陷,直径2~3毫米。幼茎病斑向下蔓延至茎基及根系,引起须根腐朽,根颈易折断。成株期叶上病斑圆形或不规则形,稍凹陷,中部灰白色。茎、根上病斑初呈灰白色长椭圆形,

第六章　油菜病虫害绿色防控技术

逐渐枯朽，上生黑色小点，植株易折断死亡。角果上病斑多从角尖开始，与茎上病斑相似。种子感病后变白皱缩，失去光泽。

(二) 发生规律

病菌在病残株中越夏和越冬。病菌在田间主要通过气流传播。高温、高湿能促进病害迅速发展；施用未腐熟的病残株堆肥、连作和使用病种，发病重。

(三) 防治方法

1. 农业防治

选用无病种子或进行种子消毒，可用温汤浸种或药剂拌种。与非十字花科作物轮作。及时清除病株和病残体，减少病原菌。

2. 化学防治

发病初期，可用75%百菌清可湿性粉剂600倍液、60%多·福可湿性粉剂600倍液、40%多·硫悬浮剂500倍液、45%代森铵水剂1 000倍液、70%甲基硫菌灵可湿性粉剂800倍液等药剂喷雾防治，隔15天左右喷1次，喷洒2~3次。

十一、软腐病

(一) 主要症状

油菜软腐病发病时，病菌从茎基部伤口侵入植物，使植株产生不规则水浸状病斑。主要特征是近地面的茎秆出现水渍状软腐，内部腐烂成空洞，病部出现灰白色或污白色黏液，有强烈的臭味。

(二) 发生规律

病原菌主要在病残体内繁殖、越夏或越冬，所以病残体是重要的初侵染菌源。病原菌可以在潮湿的堆肥或有机质中生存，高温多雨有利于油菜软腐病的发生。温度在28~30℃时，有利于病菌的繁殖。

(三) 防治方法

1. 农业防治

第一，选用抗病性较强的品种。第二，重病地避免连作，实行轮作,避免与十字花科作物连作。第三,精细整地,清沟沥水。第四,定期进行田间检查,发现病株及时将其拔除烧毁,以减少病菌的积累。第五,做到阴雨天水不淹畦、沟无积水。

2. 化学防治

油菜软腐病发病初期,可选用1%中生菌素水剂1 000~1 500倍液、1.8%辛菌胺醋酸盐水剂800倍液或47%春雷霉素可湿性粉剂1 000倍液进行喷雾,间隔7~10天喷1次,连喷2~3次。同时,注意交替使用上述农药。

十二、白粉病

(一) 主要症状

油菜白粉病在油菜的叶片、茎、花器、种荚上均可发病。叶片发病初期仅有少量的白色点块细丝状物向外扩展,以后连接成片,叶正、反面均有白粉状霉斑。后白粉常铺满叶,花梗和荚的整个表面,致叶片变黄、枯死。病轻时,植株生长、开花受阻,严重时叶片褪绿黄化早枯,植株畸形,花器异常,直至植株死亡。

(二) 发生规律

油菜白粉病的病原菌为十字花科白粉菌,主要以菌丝体及分生孢子在油菜上越夏,或以子囊壳越夏,病菌从孢子萌发到侵入20多个小时,故病害发展很快,往往在短期内大流行。秋季传播到油菜上,引起发病。油菜白粉病发病适温为20~25℃,相对湿度25%~85%内均可发病。雨量少的干旱年份易发病;时晴时雨,高温、高湿交替有利于该病侵染和病情扩展,故发病重。

(三) 防治方法

1. 农业防治

选用抗病品种;选择地势较高、通风、排水良好地块种植;施足粪肥,适当增施磷、钾肥,增强寄主抗病力;做好田间清洁,收获后收净病残体并深翻土壤;适当灌溉,避免田间过干。

2. 化学防治

发病初期可选用15%三唑酮可湿性粉剂1 500倍液、50%硫磺胶悬剂150~300倍液、29%石硫合剂水剂200倍液、400克/升氟硅唑乳油8 000~10 000倍液、12.5%烯唑醇可湿性粉剂3 000倍液、50%多菌灵可湿性粉剂500倍液、40%硫磺·多菌灵悬浮剂600倍液等进行喷雾防治。

第三节 油菜主要虫害绿色防控技术

一、油菜蚜虫

(一)主要症状

油菜蚜虫以成虫、若虫密集在油菜的叶背、菜心、茎枝和花轴,刺吸组织汁液危害油菜。油菜被害后,其叶片形成褪色斑点,病情严重者发黄卷缩变形,生长迟缓或枯死。油菜蚜虫使油菜的嫩茎和花轴停滞生长、畸形,角果发育也受到影响。病情严重时,造成全株枯死或部分花梗枯死。

(二)发生规律

油菜蚜虫的生活习性呈现出显著的地域差异。在华北地区,每年能够繁殖10~20代;长江流域繁殖代数可达31~34代;华南地区繁殖代数更是高达46代。在北方较为寒冷的地区,油菜蚜虫通常以产卵的形式在储存的蔬菜上越冬,翌年3—4月孵化成干母,5月中旬开始对油菜造成危害。蚜虫喜欢温暖干旱的气候,当温度在16~22℃、相对湿度在75%以下时,繁殖速度加快,危害加重。

(三) 防治方法

1. 农业防治

第一,种植抗虫品种。选用抗蚜虫、抗病毒、发病较轻的油菜品种。第二,加强田间管理。在秋季油菜蚜虫迁飞前,清除田间地边的杂草及油菜落叶,以减少虫口基数。

2. 物理防治

在油菜苗期,利用蚜虫的趋黄性,在地边高出地面 0.5 米处悬挂黄色诱虫板诱杀有翅蚜,每亩悬挂 20~30 块。也可在秋季种植的油菜田周围放置黄色板子,上面涂抹油脂,高度超过地面 0.5 米,吸引并捕杀有翅蚜虫。还可采用银灰色、白色或黑色薄膜覆盖油菜行间土壤,持续 40~50 天,驱避蚜虫,防止其侵袭和传播病毒病。

3. 生物防治

保护和利用蚜虫的天敌,如七星瓢虫、草蛉、食蚜蝇等,可在田间释放这些天敌昆虫,控制蚜虫数量。也可选用金龟子绿僵菌 CQMa421 等生物制剂进行喷雾防治,在傍晚或阴天时施药,效果更佳。

4. 化学防治

当有病株率在 10%~30%时,要立即开展喷药防治工作。可选用 80%烯啶·吡蚜酮水分散剂 3 000~4 000 倍液或 48%噻虫啉悬浮剂 2 000~3 000 倍液进行喷雾,间隔 7~10 天喷 1 次,连喷 2~3 次。同时,注意交替使用上述农药。

二、菜青虫

(一) 主要症状

菜青虫即菜粉蝶的幼虫,以咀嚼式口器啃食油菜叶片。初龄幼虫仅取食叶肉，留下一层透明的表皮，使叶片呈现出许多透明斑。随着虫龄增大，食量增加，可将叶片咬成孔洞、缺刻，严重时叶片被吃光，仅剩下叶脉和叶柄，影响油菜光合作用和生长发育，导致油菜生长缓慢，产量降低。

（二）发生规律

菜青虫在全国各地均有发生，一年发生多代，世代重叠现象严重。在长江流域，一年可发生7~9代；华北地区一年发生4~5代。菜青虫以蛹在菜地附近的墙壁、篱笆、树干等缝隙中越冬，翌年春季羽化。成虫白天活动，喜欢在十字花科植物上产卵。菜青虫适宜在温暖湿润的环境中生长发育，温度在20~25℃、相对湿度在76%左右时，有利于其繁殖和取食危害。

（三）防治方法

1. 农业防治

及时清除田间残株、老叶和杂草，减少菜青虫的越冬场所和食物来源。合理轮作，避免与十字花科蔬菜连作，降低虫口密度。

2. 物理防治

在田间设置防虫网，阻止成虫飞入产卵，减少幼虫发生数量。在成虫羽化初期，利用糖醋液诱杀成虫，糖醋液配方为糖：醋：酒：水=3：4：1：2，加入少量敌百虫等杀虫剂，挂在田间，每亩放置3~5个，每隔5~7天更换1次。

3. 生物防治

选用苏云金杆菌、苦参碱等生物农药进行喷雾防治，苏云金杆菌可在菜青虫低龄幼虫期使用，按照产品说明稀释后均匀喷雾；苦参碱对菜青虫具有触杀和胃毒作用，在幼虫发生初期施药效果较好。也可释放菜粉蝶绒茧蜂等天敌昆虫，对菜青虫进行生物控制。

4. 化学防治

在幼虫 3 龄前,选用高效、低毒、低残留的化学农药进行防治,如 2.5%溴氰菊酯乳油 2 000~3 000 倍液、5%高效氯氟氰菊酯乳油 1 500~2 000 倍液、20%氯虫苯甲酰胺悬浮剂 3 000~4 000 倍液等,注意药剂要均匀喷洒在叶片正反两面,尤其是叶片背面,以确保防治效果。

三、油菜潜叶蝇

(一) 主要症状

油菜潜叶蝇以幼虫钻入叶内潜食叶肉危害油菜。油菜潜叶蝇会在被害叶片上蛀成弯弯曲曲的潜道,使叶面出现不规则的灰白色线状潜道,潜道内留有黑色虫粪,严重时会使全叶枯黄。

(二) 发生规律

油菜潜叶蝇在河南省 1 年可发生 5 代,以幼虫和蛹的形态在油菜、豌豆叶片内越冬,多在春秋两季危害,春季危害程度较重。油菜潜叶蝇 3 月上旬在油菜上产卵,4 月中旬成虫卵激增,4 月下旬大规模危害油菜。夏季,油菜潜叶蝇数量减少,油菜、豌豆收获后转移到瓜菜及杂草上取食,8 月以后又转移到萝卜、白菜上,危害这 2 种蔬菜。随后,又开始危害油菜,直至越冬。油菜潜叶蝇幼虫发育的适宜温度在 20℃ 左右,夏季气温高于 35℃ 不能存活。

(三) 防治方法

1. 农业防治

第一,选用抗虫品种,适期晚播。第二,适量施用氮肥,重施磷、钾肥等可减轻危害。第三,合理轮作,清洁田园,收获后集中销毁被害叶片。

2. 物理防治

利用潜叶蝇成虫的趋黄性,在田间悬挂黄色诱虫板进行诱杀。每亩悬挂20~30块，诱虫板应高出油菜植株顶部10~15厘米，每隔7~10天更换1次，以保持诱捕效果。也可在田间安装频振式杀虫灯，每30~50亩安装1台，灯的高度以高出作物顶部20~30厘米为宜，在成虫羽化高峰期开启，利用灯光吸引成虫，通过电网将其击杀，减少成虫产卵量，进而降低幼虫发生数量。

3. 生物防治

保护和利用潜叶蝇的天敌，如姬小蜂、茧蜂等寄生性天敌昆虫，这些天敌能够寄生潜叶蝇的幼虫和蛹，抑制其种群增长。可在田间释放天敌昆虫，在潜叶蝇发生初期，每亩释放1万~2万头，注意释放后天敌昆虫的生存环境维护，避免使用对其有害的化学农药。此外，还可选用苏云金杆菌、白僵菌等生物制剂进行喷雾防治。

4. 化学防治

在成虫盛发期及时喷药防治，防止成虫产卵。成虫主要在叶背面产卵，喷药时要注意将药剂喷在叶片背面。可选用1.8%阿维菌素微乳剂1 000倍液或5%氟虫脲乳油1 000倍液进行喷雾，间隔7~10天喷1次，连喷2~3次。同时，注意交替使用上述农药。

四、油菜菜蛾

（一）主要症状

油菜菜蛾幼虫啃食油菜叶片及其茎秆、花、角果的表皮。初龄幼虫可钻入叶片组织，稍大后啃食一面叶的表皮和叶肉，留下另一面叶表皮形成透明斑，如同"天窗"。当虫量大时，它们可将叶片啃食成网状，仅留主脉，严重时危害花梗和角果，造成植株发育不良，从而影响产量。

(二) 发生规律

油菜菜蛾在我国南方地区全年均可发生，一年发生 10~20 代，在北方地区一年发生 4~6 代。菜蛾以蛹在残株落叶、杂草丛中越冬，翌年春季羽化。成虫具有趋光性，白天多隐藏在植株下部或叶片背面，夜间活动、交尾、产卵。菜蛾发育适温为 20~30℃，在高温干旱的环境下，繁殖速度加快，危害加重。由于菜蛾繁殖能力强、世代周期短，容易对化学农药产生抗药性，防治难度较大。

(三) 防治方法

1. 农业防治

合理布局，避免十字花科蔬菜连作或邻作，减少菜蛾的食物来源和栖息场所。收获后及时清理田园，清除残株、落叶和杂草，集中深埋或烧毁，减少虫源。

2. 物理防治

在田间安装频振式杀虫灯，利用菜蛾成虫的趋光性进行诱杀，每 30~50 亩安装 1 台，灯的高度以高出作物顶部 20~30 厘米为宜。也可在菜蛾成虫发生期，每亩挂放 1~3 个性信息素诱捕器，诱捕雄蛾，干扰其交配，降低子代虫口密度。

3. 生物防治

选用苏云金杆菌、阿维菌素等生物农药进行喷雾防治，苏云金杆菌在菜蛾低龄幼虫期使用效果较好，阿维菌素对菜蛾具有胃毒和触杀作用。还可释放菜蛾的天敌，如菜蛾绒茧蜂、菜蛾啮小蜂等，进行生物防控。

4. 化学防治

在菜蛾幼虫孵化盛期至 2 龄前，选用 5%虱螨脲悬浮剂 1 000~1 500 倍液、10%虫螨腈悬浮剂 1 500~2 000 倍液、2.5%多杀霉素悬浮剂 1 000~1 500 倍液等药剂进行喷雾防治，注意药剂轮换使用，延缓菜蛾抗药性的产生。

五、油菜跳甲

（一）主要症状

跳甲以成虫和幼虫危害油菜。成虫咬食叶片，造成许多小孔洞，严重时叶片千疮百孔，影响光合作用。幼虫在土壤中危害油菜根部，蛀食根皮，咬断须根，导致植株生长不良，地上部分发黄萎蔫，甚至死亡。

（二）发生规律

跳甲在全国各地均有发生，一年发生多代，世代重叠。成虫具有较强的跳跃能力和趋光性，白天活动，高温时多在叶背栖息。成虫在土壤缝隙、杂草丛中越冬，翌年春季气温回升后开始活动取食。跳甲喜欢温暖干燥的环境，在干旱年份发生较重。幼虫在土壤中生活，以油菜根部为食，土壤湿度对幼虫的生长发育有较大影响，土壤含水量在20%~30%时有利于幼虫生存。

（三）防治方法

1. 农业防治

与非十字花科作物轮作，减少跳甲的食物来源和栖息场所。播种前深耕晒垡，将土壤中的幼虫和蛹翻至地表，使其被阳光暴晒或被天敌捕食。合理施肥，增强油菜植株的抗虫能力。及时清除田间杂草和残株，减少成虫的藏身之处。

2. 物理防治

在田间设置黄板诱杀成虫，每亩悬挂20~30块，黄板高度与油菜植株顶部平齐或略高。也可利用频振式杀虫灯诱杀成虫，每30~50亩安装1台。

3. 生物防治

选用球孢白僵菌、绿僵菌等生物制剂进行喷雾防治，在傍晚或阴天时施药,使药剂能够更好地附着在植株表面和土壤中,感染跳甲成虫和幼虫。同时,保护和利用跳甲的天敌,如步甲、蜘蛛等,对跳甲种群进行自然控制。

4. 化学防治

在成虫发生初期,选用40%辛硫磷乳油1 000倍液、5%高效氯氟氰菊酯乳油1 500~2 000倍液等药剂进行喷雾防治,重点喷施在叶片背面和基部,注意药剂交替使用。在幼虫发生期,可选用50%辛硫磷乳油1 000倍液进行灌根,每株灌药量200~300毫升,毒杀土壤中的幼虫。

六、小地老虎

(一) 主要症状

小地老虎以幼虫危害油菜,1~2龄幼虫多集中在叶片上取食,咬食叶片成孔洞或缺刻;3龄后幼虫白天潜伏在土表下,夜间出土活动,咬断油菜幼苗近地面的茎基部,使整株死亡,造成缺苗断垄,严重影响油菜产量。

(二) 发生规律

小地老虎在全国各地均有分布,一年发生代数因地区而异,在长江流域一年发生4~5代,华北地区一年发生3~4代。小地老虎以老熟幼虫或蛹在土壤中越冬,成虫具有较强的趋光性和趋化性,对糖醋液有明显趋性。成虫羽化后,需要补充营养,常取食花蜜等。小地老虎喜欢温暖湿润的环境,最适发育温度为18~26℃,土壤含水量在15%~20%时有利于其发生。

(三) 防治方法

1. 农业防治

早春清除田边、地头杂草,减少小地老虎成虫的产卵场所和幼虫的食物来源。结合中耕除草,进行土壤翻耕,破坏小地老虎的蛹室和幼虫栖息环境,将蛹和幼虫翻至地表,使其被天敌捕食或因环境变化而死亡。

2. 物理防治

在成虫羽化初期,利用糖醋液诱杀成虫,糖醋液配方为糖∶醋∶酒∶水=3∶4∶1∶2,加入少量敌百虫等杀虫剂,每亩放置3~5个,悬挂在离地面1米左右的地方,每天清理死虫,每隔5~7天更换一次糖醋液。也可在田间安装频振式杀虫灯,诱杀成虫。

3. 生物防治

可选用苏云金杆菌、绿僵菌等生物制剂进行灌根或喷雾防治。苏云金杆菌对小地老虎幼虫具有较好的防治效果,绿僵菌能寄生小地老虎幼虫,使其致病死亡。同时,保护和利用小地老虎的天敌,如寄生蜂、捕食性昆虫等,对其种群数量进行控制。

4. 化学防治

在幼虫3龄前,选用2.5%溴氰菊酯乳油2 000~3 000倍液、5%高效氯氟氰菊酯乳油1 500~2 000倍液等药剂进行喷雾防治,重点喷施在幼苗基部和周围土壤表面。在幼虫3龄后,可选用50%辛硫磷乳油1 000倍液进行灌根,每株灌药量200~300毫升,确保药剂能够渗透到土壤中,毒杀幼虫。

七、油菜角野螟

(一) 主要症状

油菜角野螟幼虫孵化后先在角果表面爬行,随后蛀入角果内取食籽粒,造成角果空瘪,降低油菜籽的产量和品质。幼虫在角果内取食时,会排出大量粪便,污染角果,导致角果提前脱落。

(二) 发生规律

油菜角野螟在春油菜种植区发生较为普遍,一年发生1~2

代。以老熟幼虫在土壤中结茧越冬，翌年春季化蛹羽化。成虫具有趋光性，白天隐藏在杂草丛中，夜间活动、交尾、产卵。卵多产在油菜角果上，幼虫孵化后迅速蛀入角果内危害。油菜角野螟的发生与油菜品种、种植密度、气候条件等因素有关，一般早熟品种、种植密度大、通风透光不良的田块发生较重。

(三) 防治方法

1. 农业防治

合理密植，保持田间通风透光良好，降低田间湿度，创造不利于油菜角野螟发生的环境。及时清除田间杂草和残株，减少成虫的栖息场所和产卵地。选用抗虫品种，一些角果表皮较厚、蜡质层较发达的油菜品种，对油菜角野螟具有一定抗性。

2. 物理防治

在成虫羽化初期，利用频振式杀虫灯诱杀成虫，每30～50亩安装1台，灯的高度以高出作物顶部20～30厘米为宜。也可在田间悬挂糖醋液诱捕器，糖醋液配方为糖∶醋∶酒∶水＝3∶4∶1∶2，加入少量敌百虫等杀虫剂，每亩放置3～5个，吸引并捕杀成虫。

3. 生物防治

保护和利用油菜角野螟的天敌，如赤眼蜂、姬蜂等，可在田间释放这些天敌昆虫，寄生油菜角野螟的卵和幼虫，降低其种群数量。也可选用苏云金杆菌等生物农药进行喷雾防治，在幼虫孵化初期施药，效果较好。

4. 化学防治

在成虫产卵高峰期至幼虫孵化初期，选用2.5%高效氯氟氰菊酯乳油2 000～3 000倍液、20%氯虫苯甲酰胺悬浮剂3 000～4 000倍液等药剂进行喷雾防治，重点喷施在油菜角果上，确保药剂均匀覆盖，每隔7～10天喷1次，连续喷2～3次。

第七章 油菜轮作技术

第一节 油菜轮作的生态意义与原理

一、油菜轮作的生态意义

(一) 维持农田生态系统平衡

农田是一个复杂的生态系统,油菜轮作在维持其平衡方面发挥着关键作用。不同作物在生长过程中对环境的适应能力和影响各不相同。油菜作为一种重要的经济作物,与其他作物轮作时,能够打破害虫和病原菌的生存链条。例如,油菜常见的菌核病病原菌在土壤中存活有一定规律,若连续种植油菜,病原菌数量会逐年积累,导致病害加重。而通过与水稻、小麦等作物轮作,改变了病原菌生存的宿主环境,使病原菌因缺乏适宜的生存条件而数量减少,从而降低了病害的发生概率,维持了农田生态系统中生物之间的平衡关系。

同时,油菜轮作还能调节农田生物群落结构。在轮作体系中,不同作物吸引的昆虫、微生物等生物种类不同。油菜开花期会吸引大量蜜蜂等有益昆虫,这些昆虫不仅有助于油菜授粉,还能在一定程度上抑制害虫的繁殖。当与其他作物轮作时,农田中生物种类更加丰富,生态位更加多样化,提高了农田生态系统的稳定性和自我调节能力,增强了其抵御外界干扰的能力。

(二) 改善土壤肥力

油菜根系具有独特的生理特性，对土壤肥力的改善效果显著。油菜根系在生长过程中会分泌一些有机酸，这些有机酸能够溶解土壤中难溶性的磷、钾等矿物质养分，使其转化为植物可以吸收利用的形态。例如，土壤中存在的磷酸钙等难溶性磷化合物，在油菜根系分泌的有机酸作用下，能够逐渐释放出有效磷，提高土壤中磷元素的有效性。同时，油菜收获后，其残留的根系和茎叶在土壤中分解，会转化为腐殖质，增加土壤的有机质含量。腐殖质能够改善土壤的物理结构，使土壤变得疏松多孔，提高土壤的通气性和透水性，增强土壤保水保肥能力。

此外，油菜与豆科植物轮作时，还能实现养分的互补和协同利用。豆科植物具有固氮作用，能够将空气中的氮气转化为植物可吸收的铵态氮或硝态氮，增加土壤中的氮素含量。而油菜生长过程中需要消耗大量的氮、磷、钾等养分，通过与豆科植物轮作，在油菜种植前利用豆科植物的固氮作用积累土壤氮素，为油菜生长提供充足的氮源，减少了化学氮肥的使用量，降低了生产成本，同时也避免了因过量施用氮肥导致的土壤板结、环境污染等问题，实现了土壤养分的可持续利用。

(三) 减少环境污染

在传统农业生产中，为了防治病虫害和提高作物产量，大量使用化学农药和化肥，导致土壤、水体和大气等环境受到严重污染。油菜轮作技术能够有效减少化学农药和化肥的使用量，从而降低环境污染。一方面，轮作可以打破病虫害的生存链条，减少病虫害的发生，进而减少化学农药的使用次数和使用量。例如，油菜与玉米轮作，玉米对一些油菜害虫具有驱避作用，减少了害

第七章　油菜轮作技术

虫对油菜的侵害，降低了农药的使用需求。另一方面，油菜轮作通过改善土壤肥力，提高了土壤的保肥能力和养分供应能力，减少了化肥的施用量。同时，油菜本身具有较强的适应性和抗逆性，在轮作体系中能够较好地生长，对化肥的依赖程度相对较低。此外，油菜收获后的秸秆还田，不仅能够增加土壤有机质含量，还能减少秸秆焚烧带来的大气污染，实现了农业废弃物的资源化利用，促进了农业生态环境的良性循环。

二、油菜轮作的原理

（一）植物生理特性互补原理

不同植物在生长发育过程中具有不同的生理特性，油菜轮作正是利用了这些特性实现优势互补。从根系分布来看，油菜根系主要分布在土壤表层，而像水稻等作物根系分布较深。将油菜与水稻轮作，能够充分利用不同土层的养分和水分资源。油菜在生长前期，主要吸收土壤表层的养分和水分，而水稻在生长后期，其根系能够深入土壤深层吸收养分和水分，两者轮作避免了因作物根系分布重叠而导致的养分竞争，提高了土壤养分和水分的利用效率。

在生长周期和生长季节方面，油菜一般为冬油菜，其生长周期与春夏季作物不同。油菜在秋季播种，冬季生长缓慢，春季快速生长并开花结果，收获后可以及时种植夏季作物如玉米、大豆等。这种生长周期的差异使得农田在不同季节都能得到充分利用，提高了土地的复种指数，增加了单位面积的农作物产量，实现了土地资源的高效利用。

（二）生物多样性原理

生物多样性是维持生态系统稳定和健康的重要基础，油菜轮作遵循生物多样性原理。在轮作体系中，多种作物交替种植，增加了农田生态系统中的生物种类和数量。不同作物为不同的生物提供了栖息环境和食物来源，丰富了食物链和食物网结构。例如，油菜开花期吸引蜜蜂等昆虫，这些昆虫又为鸟类等提供了食物，形成了复杂的生物关系网络。生物多样性的增加使得农田生态系统的自我调节能力增强，能够更好地抵御病虫害的侵袭和环境变化带来的影响。

同时，不同作物在生长过程中会分泌不同的化感物质，这些化感物质对周围的生物具有促进或抑制作用。油菜轮作过程中，通过不同作物的交替种植，能够合理利用化感物质的作用，减少化感物质对作物生长的不利影响，促进作物的健康生长。

（三）土壤养分循环原理

土壤养分循环是维持土壤肥力和作物生长的关键过程，油菜轮作在其中发挥着重要作用。不同作物对土壤养分的需求和吸收利用方式不同，油菜轮作能够实现土壤养分的合理循环和高效利用。例如，油菜对氮、磷、钾的需求比例与其他作物有所差异，通过与其他作物轮作，能够避免土壤中某些养分的过度消耗，保持土壤养分的平衡。

此外，油菜轮作过程中，作物残留的根系、茎叶等有机物质在土壤微生物的作用下分解转化为腐殖质和无机养分，重新回到土壤中参与养分循环。同时，轮作还能促进土壤微生物的活动和繁殖，改善土壤微生物群落结构。不同种类的微生物在土壤养分转化过程中发挥着不同的作用，如固氮菌能够固定空气中的氮气，解磷菌能够溶解土壤中难溶性磷，这些微生物的协同作用提高了土壤养分的有效性，促进了土壤养分的良性循环，为作物生长提供了持续稳定的养分供应。

第二节 不同区域油菜轮作优势模式

一、长江流域油菜轮作优势模式

长江流域气候湿润，热量充足，是我国重要的油菜种植区域。该区域主要采用水稻—油菜轮作模式，这一模式充分利用了当地的气候和土壤条件，实现了土地资源的高效利用。

水稻生长需要大量的水分，长江流域丰富的降水和充足的水资源为水稻种植提供了良好的条件。在水稻收获后，土壤仍保持一定的湿度，此时种植油菜，油菜能够迅速适应土壤环境并生长。水稻收获后的秸秆还田，不仅增加了土壤的有机质含量，改善了土壤结构，还为油菜生长提供了一定的养分。油菜根系分泌的有机酸能够促进土壤中难溶性养分的溶解，提高土壤养分的有效性，为下一季水稻种植创造良好的土壤条件。这种水旱轮作的方式，还能有效减少病虫害的发生。

此外，在长江流域的部分丘陵山区，还采用玉米—油菜轮作模式。玉米是高秆作物，在生长过程中能够充分利用上层空间的光照资源，而油菜在玉米收获后种植，利用下层空间的光照和土壤养分，两者在空间和时间上实现了合理搭配。玉米收获后的秸秆粉碎还田，增加了土壤的透气性和保水性，为油菜生长创造了良好的土壤环境。同时，玉米根系的生长能够疏松土壤，改善土壤结构，有利于油菜根系的生长和发育。这种轮作模式不仅提高了土地的复种指数，还增加了农民的经济收入。

二、黄淮流域油菜轮作优势模式

黄淮流域属于温带季风气候，降水相对较少，土壤以旱地为主。在该区域，小麦—油菜轮作模式较为常见。小麦是黄淮流域的主要粮食作物，其收获期一般在6月中旬左右，此时种植油菜，油菜能够充分利用秋季和冬季的光热资源生长。小麦收获后的残茬和根系在土壤中分解，增加了土壤的有机质含量，改善了土壤的物理结构。油菜生长过程中，能够吸收土壤中的氮、磷、钾等养分，调节土壤养分平衡，减少土壤养分的流失。同时，油菜的根系能够疏松土壤，增强土壤的通气性和透水性，为下一季小麦种植创造良好的土壤条件。

在黄淮流域的一些地区，还推广棉花—油菜轮作模式。棉花是该区域的重要经济作物，棉花收获期一般在10月下旬至11月上旬，此时种植油菜，不影响油菜的正常生长。棉花种植过程中，由于施肥量较大，土壤中残留的养分较多，油菜能够充分利用这些养分生长。同时，油菜种植能够改善土壤的理化性质，减少棉花连作导致的土壤板结和病虫害加重等问题。此外，油菜的种植还能为棉田提供一定的生态屏障，减少棉铃虫等害虫的迁移和扩散，降低棉花病虫害的发生概率。

三、西北地区油菜轮作优势模式

西北地区气候干旱，降水稀少，光照充足，昼夜温差大。在该区域，主要采用春小麦—油菜轮作模式。春小麦一般在3—4月播种，7—8月收获，收获后及时种植油菜。春小麦生长期间，利用春季的降水和土壤墒情生长，油菜则利用夏季末和秋季的光热资源生长。这种轮作模式充分利用了西北地区的气候特点，提高了土地的利用率。春小麦收获后的秸秆还田，增加了土壤的有机质含量，改善了土壤的保水保肥能力。油菜根系能够吸收土壤深层的养分，减少土壤养分的垂直流失，提高土壤养分的利用效率。同时，油菜的种植还能减少土壤风蚀和水蚀，起到保持水土

第七章 油菜轮作技术

的作用。

在西北地区的绿洲农业区,还采用玉米—油菜轮作模式。玉米在夏季生长,能够充分利用高温和充足的光照资源,油菜在玉米收获后种植,利用秋季的光热资源生长。玉米收获后的秸秆可以作为饲料或进行青贮,剩余的部分还田,增加土壤的肥力。油菜的种植能够改善土壤的理化性质,减少土壤盐渍化的发生。此外,油菜的根系能够吸收土壤中的盐分,降低土壤表层的盐分含量,为下一季作物种植创造良好的土壤条件。

四、东北地区油菜轮作优势模式

东北地区属于温带大陆性季风气候,冬季寒冷漫长,夏季温暖短暂。在该区域,主要采用大豆—油菜轮作模式。大豆是东北地区的优势作物,具有固氮作用,能够增加土壤中的氮素含量。大豆收获后,土壤中残留的根瘤和根系在土壤微生物的作用下分解,释放出大量的氮素,为油菜生长提供了充足的氮源。油菜在大豆收获后种植,能够充分利用秋季的光热资源生长。油菜收获后的秸秆还田,增加了土壤的有机质含量,改善了土壤的结构,提高了土壤的保水保肥能力。同时,这种轮作模式还能减少病虫害的发生。

在东北地区的部分地区,还采用玉米—油菜轮作模式。玉米是东北地区的主要粮食作物,其收获期一般在10月上旬左右,此时种植油菜,油菜能够利用秋季剩余的光热资源生长。玉米收获后的秸秆还田,增加了土壤的肥力和透气性,为油菜生长创造了良好的土壤条件。油菜的种植能够调节土壤养分平衡,减少土壤中磷、钾等养分的积累,提高土壤养分的有效性,为下一季玉米种植提供良好的土壤环境。

第三节　油菜与主要作物轮作搭配技术

一、油菜与水稻轮作搭配技术

（一）茬口衔接

在长江流域等水稻主产区，水稻一般于4—5月播种移栽，8—9月收获。水稻收获后需及时排水晒田，降低土壤湿度，待土壤含水量降至适宜范围（60%~70%），即可进行油菜播种。为提高油菜播种效率，可采用机械开沟起垄，垄宽1.2~1.5米，沟深20~25厘米，以利于排水防渍。油菜播种时间宜控制在9月下旬至10月中旬，确保在冬季来临前形成壮苗，增强抗寒能力。若播种过晚，油菜苗生长较弱，易受冻害；播种过早，则可能出现早薹早花现象。

（二）土壤管理

水稻收获后，将秸秆粉碎还田，均匀撒施在田块中，翻耕入土，深度20~25厘米，促进秸秆快速分解，增加土壤有机质含量。结合翻耕，每亩施入腐熟农家肥2 000~2 500千克、过磷酸钙30~40千克、氯化钾10~15千克作为基肥。在油菜生长过程中，于苗期、蕾薹期和开花期分别进行追肥。苗期每亩追施尿素5~7千克，促进幼苗生长；蕾薹期每亩追施尿素10~12千克、氯化钾5~7千克，满足油菜快速生长对养分的需求；开花期可叶面喷施0.2%磷酸二氢钾溶液，提高油菜的结实率和千粒重。

（三）病虫害防治

水稻—油菜轮作虽能减少部分病虫害，但仍需关注特定病虫害。水稻收获后，及时清理田间杂草和病残体，减少病原菌和害虫的滋生场所。油菜苗期易受蚜虫、菜青虫等危害，可选用10%

吡虫啉可湿性粉剂2 000倍液、2.5%高效氯氟氰菊酯乳油2 000~3 000倍液进行喷雾防治。在油菜生长后期，重点防治菌核病，可在初花期和盛花期各喷施1次50%腐霉利可湿性粉剂1 000~1 500倍液，或40%菌核净可湿性粉剂1 000倍液，抑制菌核病的发生和蔓延。

二、油菜与小麦轮作搭配技术

（一）茬口安排

在黄淮流域等小麦主产区，小麦一般10月中下旬播种，翌年6月上中旬收获。小麦收获后，及时进行灭茬处理，采用旋耕机将麦茬打碎，深度10~15厘米，为油菜播种创造良好的土壤条件。油菜播种时间宜在6月下旬至7月上旬，此时气温较高，土壤墒情较好，有利于油菜种子发芽和幼苗生长。为避免高温对油菜幼苗的影响，可采用遮阳网覆盖，降低地表温度，保持土壤湿度。

（二）养分管理

小麦收获后，由于小麦生长过程中消耗了大量土壤养分，需及时补充。每亩施入有机肥1 500~2 000千克、尿素15~20千克、过磷酸钙40~50千克、硫酸钾10~15千克作为基肥，结合旋耕翻入土中。在油菜生长期间，分别在定苗后、抽薹期和初花期进行追肥。定苗后每亩追施尿素8~10千克，促进油菜苗生长健壮；抽薹期每亩追施尿素12~15千克、硫酸钾5~7千克，满足油菜薹生长对养分的需求；初花期可叶面喷施0.1%硼砂溶液，防止油菜"花而不实"，提高油菜的产量和品质。

（三）田间管理

油菜播种后，及时浇水，保持土壤湿润，确保种子顺利发芽。在油菜苗期，要及时间苗、定苗，去除弱苗、病苗，保持合理的种植密度,一般每亩留苗1.2万~1.5万株。同时,加强中耕除草,疏松土壤,防止杂草与油菜争夺养分和水分。在小麦—油菜轮作中,需注意防治油菜霜霉病,可在发病初期选用72%霜脲·锰锌可湿性粉剂600~800倍液,或64%噁霜·锰锌可湿性粉剂500倍液进行喷雾防治,每隔7~10天喷1次,连续喷施2~3次。

三、油菜与玉米轮作搭配技术

(一)种植时序

在东北地区、黄淮流域等玉米种植区,玉米一般4—5月播种,9—10月收获。玉米收获后,及时清除秸秆和残茬,进行深耕处理,深度25~30厘米,打破犁底层,改善土壤通气性和透水性。油菜播种时间可在玉米收获后1~2周内进行,确保油菜有足够的生长时间。若采用直播方式,可采用条播或穴播,条播行距30~35厘米,穴播穴距20~25厘米,每穴播种3~4粒。

(二)施肥技术

玉米收获后,将玉米秸秆粉碎还田,每亩再施入生物菌肥2~3千克,加速秸秆分解。结合深耕,每亩施入复合肥(15-15-15)30~40千克、有机肥1 000~1 500千克作为基肥。在油菜生长过程中,根据油菜的生长阶段合理追肥。在油菜5~6片真叶时,每亩追施尿素10千克;在蕾薹期,每亩追施尿素15千克、氯化钾5千克;在开花期,可叶面喷施0.2%的磷酸二氢钾和0.1%的硼砂混合溶液,提高油菜的结实率和含油量。

(三)病虫害综合防控

玉米收获后,田间易残留玉米螟、黏虫等害虫的幼虫和虫卵,需及时进行清理和防治。可采用频振式杀虫灯诱杀害虫,每亩设置1~2台,降低害虫基数。油菜生长期间,易受菜粉蝶、小菜蛾等害虫侵害，可释放赤眼蜂等天敌昆虫进行生物防治，每亩释放量为1万~2万头。对于油菜病毒病，可通过防治蚜虫来减少病毒传播，选用20%啶虫脒可湿性粉剂2 000倍液防治蚜虫，同时加强田间管理，增强油菜的抗病能力。

四、油菜与大豆轮作搭配技术

（一）轮作要点

在东北地区等大豆主产区，大豆一般5月上中旬播种，9月下旬至10月上旬收获。大豆收获后，及时进行浅耕灭茬，深度10~12厘米，疏松土壤表层。油菜播种可采用育苗移栽的方式，在9月上旬进行育苗，10月中旬待大豆收获后移栽。移栽时，要注意保持油菜苗根系完整，行距30厘米，株距20厘米，确保油菜苗生长整齐。

（二）养分调控

大豆具有固氮作用，收获后土壤中残留较多的氮素，但磷、钾等养分相对不足。因此，在油菜种植前，每亩施入过磷酸钙40~50千克、硫酸钾10~15千克、有机肥1 000~1 200千克作为基肥。在油菜生长过程中，追肥以磷、钾肥为主，适量补充氮肥。在油菜苗期，每亩追施尿素5~7千克；在抽薹期，每亩追施磷酸二氢钾3~5千克、尿素8~10千克，促进油菜薹生长和花芽分化。

（三）田间管理措施

油菜移栽后，及时浇定根水，促进根系与土壤紧密结合，提高成活率。在油菜生长期间，要及时中耕除草，防止杂草生长。同时，注意排水防涝，尤其是在雨季，要确保田间无积水，避免油菜根系受淹。对于油菜根肿病，可在播种前每亩用50%多菌灵可湿性粉剂2~3千克拌细土20~30千克，均匀撒施在种植沟内进行土壤消毒，减少病害发生。

第八章 油菜收获与产后处理

第一节 收获时期与方法

油菜作为重要的油料作物,其收获时期与方法的合理选择对于保障油菜籽的产量和品质至关重要。收获过早或过晚,以及采用不恰当的收获方法,都可能导致油菜籽减产、含油量降低、品质变劣等问题。因此,掌握科学有效的收获方法是油菜种植过程中不可或缺的关键环节。

一、收获时期的确定

油菜收获时期的确定需要综合考虑多个因素,包括油菜的生育进程、角果的成熟度、气象条件以及农事安排等。只有准确把握收获时机,才能实现油菜籽的高产优质。

(一) 依据生育进程判断

油菜的一生经历了发芽出苗、苗期、蕾薹期、开花期和角果发育成熟期等阶段。不同品种和种植地区的油菜,其生育进程存在一定差异,但通常具有一定的规律性。一般而言,从播种到成熟,冬油菜全生育期为 200~230 天,春油菜全生育期为 90~130 天。当油菜植株大部分角果呈现黄绿色,主轴中部角果的种子呈品种固有色泽时,标志着油菜已进入适宜收获期。此时,油菜植株的营养生长基本停止,生殖生长进入最后阶段,角果内的种子已充分发育,具备较高的千粒重和含油量。

(二) 观察角果成熟度

角果的成熟度是判断油菜收获时期的重要直观指标。随着油菜的成熟,角果颜色逐渐由绿色变为黄绿色,最后呈现黄色或褐色。在田间观察时,当全田70%~80%的角果变为黄绿色,主轴中上部角果内的种子呈品种固有色泽,如黑籽品种的种子呈黑褐色,黄籽品种的种子呈黄色或黄褐色时,即可进行收获。此时收获,既能保证大部分角果内的种子充分成熟,又能避免因角果过度成熟而导致的炸裂落粒损失。

(三) 关注气象条件

气象条件对油菜收获的影响不容忽视。在油菜成熟期,应密切关注天气预报,选择晴朗、干燥的天气进行收获。如果在油菜成熟后遇到连续阴雨天气,角果容易吸湿回潮,导致种子发芽、霉变,不仅降低油菜籽的产量和品质,还可能影响后续的储存和加工。此外,大风天气也容易导致油菜植株倒伏和角果炸裂,增加收获难度和损失。因此,在气象条件允许的情况下,应尽量提前安排收获,避免因不利天气造成损失。

(四) 结合农事安排

油菜收获还需要考虑与其他农事活动的衔接。在农业生产中,往往存在多种作物轮作、间作的情况,合理安排油菜收获时间,有利于下一季作物的及时播种和生长。例如,在一些地区,油菜收获后需要紧接着种植水稻、大豆等作物,如果油菜收获过晚,可能会延误下一季作物的播种期,影响全年农作物的产量和经济效益。因此,在确定油菜收获时期时,应综合考虑当地的农事季节和种植制度,做到统筹安排,合理利用土地资源和农业生产时间。

二、收获方法

目前,油菜的收获方法主要包括人工收获和机械收获 2 种。不同的收获方法各有优缺点,种植者应根据自身的生产规模、经济条件、油菜品种特性以及当地的气候和地形等因素,选择适宜的收获方法。

(一) 人工收获

人工收获是传统的油菜收获方式,虽然劳动强度大、效率低,但在一些小规模种植、地形复杂或机械收获难以操作的地区仍具有一定的应用价值。

1. 收获时期

人工收获油菜通常在油菜全田 80% 左右的角果呈黄绿色时进行。此时,油菜植株的茎秆仍保持一定的韧性,便于人工割倒和捆扎,同时角果内的种子已基本成熟,能够保证较高的产量和品质。

2. 收获工具

主要使用镰刀等简单工具。镰刀应选择锋利、轻便的款式,以提高收获效率,减小劳动强度。

3. 收获步骤

(1) 割倒。在晴天早晨露水干后或傍晚进行割倒作业。操作时,左手握住油菜植株基部,右手持镰刀,从植株离地面 5~10 厘米处割断,注意尽量保持切口平整,避免损伤植株。割倒后的油菜应整齐地码放在田间,一般每 10~15 株为 1 捆,便于后续的搬运和晾晒。

(2) 晾晒。将割倒捆扎好的油菜运至晒场或通风良好、地势平坦的空地上进行晾晒。晾晒过程中,要定期翻动油菜捆,使其均匀受光和通风,加速角果的干燥和后熟过程。一般晾晒 3~5

天后，角果会逐渐变得干燥、易裂，此时可进行脱粒作业。

（3）脱粒。人工脱粒可采用敲打、碾压等方式。将晾晒好的油菜捆解开，平铺在干净的场地上，用连枷等工具轻轻敲打油菜植株，使角果破裂，种子脱落。也可将油菜植株铺在道路上，让过往的车辆适当碾压，达到脱粒的目的。脱粒过程中要注意避免种子混入过多的杂质，影响后续的清选和储存。

（4）清选。脱粒后的油菜籽中含有大量的角果皮、茎秆碎屑等杂质，需要进行清选。清选可采用风扬、筛选等方法。利用自然风力将轻质的杂质吹走，或使用不同孔径的筛子对油菜籽进行筛选，去除较大的杂质。经过多次清选，得到纯净的油菜籽。

（二）机械收获

随着农业机械化水平的不断提高，机械收获已成为油菜生产中的主要收获方式。机械收获具有效率高、劳动强度低、损失率相对较小等优点，尤其适用于大规模油菜种植。

1. 分段收获法

（1）收获时期与操作流程。分段收获法是将油菜的收获过程分为割晒和脱粒两个阶段进行。一般在油菜全田70%~80%的角果呈黄绿色时，使用割晒机将油菜割倒，并整齐地铺放在田间晾晒。割晒机的割幅应根据油菜种植行距和地块大小合理选择，以保证割倒后的油菜铺放整齐、通风良好。晾晒3~5天后，当角果充分干燥、易裂时，再使用捡拾脱粒机将晾晒好的油菜捡拾起来进行脱粒。捡拾脱粒机在作业过程中，能够同时完成油菜的捡拾、输送、脱粒、清选等工序，直接得到纯净的油菜籽。

（2）分段收获法的优点。分段收获法充分利用了自然条件，使油菜在田间完成后熟过程，有利于提高种子的千粒重和含油量。同时，由于割倒后的油菜在田间晾晒，角果水分逐渐降低，脱粒时不易造成机械损伤，减少了籽粒破碎率，提高了油菜籽的品质。此外，分段收获法对机械的要求相对较低，一般的割晒机和捡拾脱粒机即可满足作业需求，设备投资成本较小。

（3）分段收获法的缺点。分段收获法需要两次进地作业，增加了机械作业成本和能源消耗。而且，在晾晒过程中，如果遇到降雨等不利天气，可能会导致油菜籽发芽、霉变，影响产量和品质。

2. 联合收获法

（1）收获时期与操作流程。联合收获法是在油菜全田90%以上的角果呈现黄色或褐色，种子含水量降至18%以下时，使用油菜联合收割机一次性完成收割、脱粒、清选等作业。联合收割机在田间作业时，通过切割器将油菜植株割下，经过输送装置送入脱粒装置进行脱粒，脱下的籽粒和杂质再经过清选装置进行分离，得到纯净的油菜籽，而秸秆则被切碎后均匀地抛撒在田间。

（2）联合收获法的优点。联合收获法作业效率高，能够在短时间内完成大面积油菜的收获任务，大大缩短了收获周期。同时，由于是一次性完成收获作业，减少了人工和机械的进地次数，降低了生产成本。此外，联合收获法还能及时将秸秆还田，增加土壤有机质含量，改善土壤结构，有利于后续作物的生长。

（3）联合收获法的缺点。联合收获法对油菜的成熟度和种植密度要求较高。如果油菜成熟度不一致或种植密度过大，容易导致脱粒不净、损失率增加等问题。而且，联合收割机的价格相对较高，设备投资成本较大，对操作人员的技术水平也有一定要求。

三、收获注意事项

无论是采用人工收获还是机械收获，在油菜收获过程中都需要注意以下事项，以确保收获工作的顺利进行和油菜籽的品质安全。

（一）避免机械损伤

在机械收获过程中，要合理调整收割机的割台高度、脱粒间隙等参数，避免对油菜植株和种子造成过度损伤。机械损伤不仅会导致籽粒破碎率增加，影响油菜籽的商品价值，还可能为病菌和害虫的侵入提供机会，降低种子的发芽率和储存稳定性。

（二）控制损失率

油菜收获过程中的损失主要包括割台损失、脱粒损失、清选损失等。为了降低损失率，在收获前应对机械进行全面检查和调试，确保其处于良好的工作状态。同时，操作人员要严格按照机械的操作规程进行作业，根据油菜的生长情况和田间条件，合理调整机械的作业速度和参数。在收获过程中，要定期检查收获质量，及时发现并解决存在的问题。

（三）防止混杂

在收获、运输和储存过程中，要注意防止不同品种油菜籽的混杂，以及油菜籽与其他杂质的混杂。混杂会影响油菜籽的纯度和品质，降低其市场价值。因此，在收获前要对收获工具和储存容器进行彻底清洁，避免残留其他种子或杂质。在运输过程中，要使用干净的车辆和包装材料，防止油菜籽在运输过程中受到污染。

（四）安全作业

油菜收获期间，操作人员要严格遵守安全操作规程，确保人身安全和机械安全。在使用机械进行收获作业时，操作人员应穿戴好防护用品，避免发生机械伤害事故。同时，要注意防火安全，由于油菜收获季节气温较高，且油菜秸秆易燃，在田间作业时要严禁烟火，防止火灾事故的发生。

第二节 产后干燥与储存

油菜收获后,及时、科学地进行干燥与储存,是保障油菜籽品质、减少产后损失、实现丰产丰收的重要环节。若干燥与储存措施不当,油菜籽易出现霉变、发芽、发热、酸败等问题,导致含油量下降、品质变劣,严重影响其经济价值。因此,掌握正确的产后干燥与储存方法至关重要。

一、产后干燥

干燥的目的是降低油菜籽的含水量,使其达到安全储存的水分标准,抑制微生物和酶的活性,防止种子变质。不同储存条件下,油菜籽的安全水分有所不同,一般要求含水量控制在 8%~9%。

(一)自然干燥法

自然干燥法是利用自然环境条件,如阳光、风力等,使油菜籽中的水分蒸发,达到干燥的目的。该方法成本低、操作简单,适用于小规模种植户和气候干燥、日照充足的地区。

1. 场地选择与准备

选择地势平坦、干燥、通风良好、清洁无污染的水泥场地或晒场作为干燥场地。在干燥前,需对场地进行清扫,去除杂物、尘土和前期残留的种子等,防止油菜籽受到污染或混杂。若场地为土质地面,应适当碾压平整,并铺设防雨布或竹席等,避免油菜籽直接接触地面,防止受潮和沾染泥土。

2. 摊晒操作

将收获后的油菜籽均匀摊铺在干燥场地上,摊铺厚度不宜过厚,一般控制在 3~5 厘米为宜。过厚会导致底层油菜籽通风不良,干燥不均匀,甚至可能因局部过热而影响品质;过薄则会增加摊晒面积,降低场地利用率,且易受外界因素干扰。摊晒过程中,要定期翻动油菜籽,一般每隔1~2小时翻动1次,使油菜籽各部分都能充分接受阳光照射和空气流通,加速水分蒸发。翻动时要注意动作轻柔,避免损伤种子。

3. 干燥程度判断

在干燥过程中,要密切关注油菜籽的干燥程度。可通过观察油菜籽的色泽、质地以及用牙咬等方法来判断。当油菜籽色泽鲜亮、质地干脆,用牙咬时发出清脆的响声,且断面光滑无水分渗出时,表明干燥程度已基本达到要求。也可使用水分测定仪进行精确测定,确保油菜籽含水量符合安全储存标准。

4. 注意事项

自然干燥受天气影响较大,需密切关注天气预报,选择晴朗、干燥的天气进行摊晒。若在干燥过程中遇到降雨,应及时用防雨布覆盖油菜籽,避免淋雨。雨后待场地和油菜籽表面干燥后,尽快继续摊晒,防止油菜籽因长时间潮湿而发芽、霉变。此外,在干燥过程中要防止家禽、家畜等动物进入场地践踏和污染油菜籽。

(二) 机械干燥法

机械干燥法是利用干燥设备,通过加热、通风等方式,快速降低油菜籽的含水量。该方法干燥速度快、效率高,不受天气条件限制,适用于大规模油菜种植和加工企业。

1. 干燥设备类型

(1) 热风干燥机。以热空气为干燥介质,通过风机将热空气送入干燥室,与油菜籽充分接触,带走种子中的水分。热风干燥机具有干燥均匀、温度可控等优点,可根据油菜籽的品种、初始含水量和干燥要求,灵活调整热风温度、风速和干燥时间。常见的热风干燥机有循环式热风干燥机和连续式热风干燥机等。

（2）流化床干燥机。利用热空气使油菜籽在干燥室内呈流化状态，种子之间相互碰撞、混合，与热空气充分接触，从而实现高效干燥。流化床干燥机具有干燥速度快、热效率高、处理量大等特点，尤其适用于颗粒较小、流动性好的油菜籽干燥。

（3）微波干燥机。利用微波的穿透性和热效应，使油菜籽内部的水分迅速升温蒸发，达到干燥的目的。微波干燥机具有干燥时间短、节能高效、能较好地保持油菜籽的营养成分和品质等优点，但设备成本相对较高，对操作人员的技术要求也较高。

2. 操作要点

（1）设备调试与预热。在使用干燥设备前，需对设备进行全面检查和调试，确保各部件运行正常。按照设备说明书的要求，设置好热风温度、风速、干燥时间等参数，并进行预热处理，使干燥室达到适宜的工作温度。

（2）进料控制。将待干燥的油菜籽均匀、缓慢地送入干燥设备，避免一次性进料过多导致干燥不均匀或设备堵塞。进料速度应根据设备的处理能力和干燥要求进行合理调整。

（3）温度与时间控制。在干燥过程中，要严格控制干燥温度和时间。不同品种的油菜籽对干燥温度的耐受性有所差异，一般热风干燥温度控制在 40~60℃ 为宜，过高温度可能导致油菜籽中的油脂氧化酸败，影响品质。干燥时间则根据油菜籽的初始含水量、干燥设备性能等因素确定，通常干燥周期为数小时至十几小时不等。

（4）质量监测。定期对干燥过程中的油菜籽进行取样检测，监测其含水量、色泽、气味等指标变化情况。如发现异常，应及时调整干燥参数或采取相应措施,确保干燥质量符合要求。

3. 注意事项

机械干燥设备操作人员需经过专业培训,熟悉设备的性能、操作规程和安全注意事项。在设备运行过程中,要严格遵守操作规程,定期对设备进行维护保养,确保设备安全可靠运行。同时,要注意设备的防火、防爆安全,干燥设备周围应配备必要的消防器材,严禁在设备附近吸烟或使用明火。

二、储存管理

经过干燥处理后的油菜籽,需采用科学合理的储存方法,确保其在储存期间品质稳定,减少损失。

(一)储存设施要求

1. 仓库选择

应选择地势较高、干燥通风、防潮防鼠、密闭性能良好的仓库作为油菜籽的储存场所。仓库的墙体和屋顶应具有良好的隔热、保温性能,以减少外界温度和湿度变化对仓库内环境的影响。仓库地面应进行防潮处理,如铺设防潮垫或水泥地面,并设置一定坡度,便于排水。

2. 容器与货架

储存油菜籽可使用编织袋、麻袋、塑料桶等容器,容器应清洁、干燥、无破损、无异味。对于大规模储存,可采用货架储存方式,将装有油菜籽的容器整齐码放在货架上,以充分利用仓库空间,同时便于通风和检查。货架应选用坚固耐用的材料制作,层高根据容器大小合理设置,确保容器放置稳定。

(二)储存环境控制

1. 温度控制

油菜籽储存的适宜温度一般控制在15℃以下。温度过高会加速种子呼吸作用，消耗营养物质，同时为微生物和害虫的生长繁殖提供有利条件，导致油菜籽发热、霉变、虫蛀。在高温季节，可采取通风降温、空调制冷等措施，降低仓库内温度。例如，在夜间气温较低时，打开仓库门窗进行自然通风换气；在白天高温时段，关闭门窗，开启空调设备，将仓库温度控制在适宜范围内。

2. 湿度控制

相对湿度是影响油菜籽储存质量的关键因素之一。一般要求仓库内相对湿度控制在65%以下。湿度过高会使油菜籽吸湿回潮，增加含水量，容易引发霉变和发芽。可通过在仓库内放置生石灰、氯化钙等干燥剂，或使用除湿机等设备，降低仓库内湿度。同时，要注意仓库的密封性，防止外界潮湿空气进入。

3. 通风换气

良好的通风换气可以调节仓库内的温度和湿度，排出种子呼吸产生的二氧化碳和其他有害气体，引入新鲜空气，保持仓库内空气清新。通风换气应根据天气情况和仓库内环境状况合理安排。在晴朗、干燥的天气，可适当增加通风次数和时间；在阴雨、潮湿天气，应减少通风，防止外界湿气进入仓库。通风时要注意避免冷风直接吹向油菜籽，防止种子表面结露。

（三）储存期间管理

1. 定期检查

建立定期检查制度，定期对储存的油菜籽进行检查。检查内容包括种子的温度、湿度、色泽、气味、有无虫害和霉变等情况。一般每隔10～15天检查1次，在高温高湿季节应增加检查频率。检查时，可采用感官检查和仪器检测相结合的方法。感官检查主要是观察油菜籽的外观、触摸其质地、嗅闻其气味等；仪器检测则可使用温度计、湿度计、水分测定仪等设备，准确测量仓库内环境和油菜籽的相关指标。

2. 虫害防治

油菜籽在储存期间容易受到各种害虫的侵害，如谷蠹、玉米象、赤拟谷盗等。为防止虫害发生，可采取以下措施。

（1）清洁仓库。在油菜籽入库前，对仓库进行全面清扫和消毒，清除仓库内的杂物、灰尘和残留的种子，减少害虫的滋生场所。可使用敌敌畏、磷化铝等药剂进行熏蒸消毒，但要注意药剂的使用浓度和安全间隔期，确保油菜籽不受污染。

（2）物理防治。利用害虫的趋光性、趋化性等特性，采用灯光诱杀、性诱剂诱捕等物理方法防治害虫。例如，在仓库内安装黑光灯，诱杀害虫成虫；使用性诱剂诱捕器，干扰害虫的交配行为，降低害虫的繁殖率。

（3）化学防治。当虫害发生较为严重时，可选用合适的化学药剂进行防治。但应严格按照农药使用说明进行操作，控制用药剂量和安全间隔期，避免农药残留超标。同时，要注意交替使用不同种类的药剂，防止害虫产生抗药性。

3. 防止霉变

霉变是油菜籽储存过程中常见的问题之一，主要由真菌感染引起。为防止霉变，除控制好仓库内的温度和湿度外，还可在油菜籽中适量添加防霉剂，如丙酸、山梨酸及其盐类等。防霉剂的使用应符合国家相关标准和规定，确保油菜籽的质量安全。

4. 倒仓与翻动

长期储存的油菜籽，由于种子自身的呼吸作用和重力作用，可能会导致局部温度升高、水分聚集，影响储存质量。因此，应定期对储存的油菜籽进行倒仓或翻动操作。倒仓是将储存的油菜籽从一个仓库转移到另一个仓库，翻动则是将容器内的油菜籽进行上下翻动，使种子各部分均匀接触空气，改善储存环境。

第九章 油菜加工技术与产品开发

第一节 油菜籽制油技术

油菜籽作为全球重要的油料作物之一,其制油技术直接关系到油脂的品质、产量与经济效益。随着科技的发展和消费者对健康、营养需求的提升,油菜籽制油技术不断革新,形成了多种成熟且各具特色的工艺路线。下面从预处理、压榨、浸出及精炼四大核心环节,介绍油菜籽制油技术。

一、预处理技术

预处理是油菜籽制油的首要工序,旨在通过清理、干燥调质、破碎与轧胚、蒸炒调质等操作,改善油菜籽的物理性质,为后续压榨或浸出创造有利条件,提高出油率与油脂质量。

(一)清理除杂

油菜籽在收获、晾晒、运输与储存过程中,不可避免混入泥砂、石块、茎叶、铁屑等杂质。这些杂质不仅影响设备正常运行,降低出油率,还可能缩短设备使用寿命,甚至污染油脂,降低油脂品质。清理工序通常采用风选、筛选、磁选等组合工艺。风选利用杂质与油菜籽比重差异,通过气流分离轻杂质;筛选借助不同孔径筛网,分离大小不同杂质;磁选则利用磁力去除铁磁性杂质。通过多级清理,可确保油菜籽杂质含量低于 0.5%,为

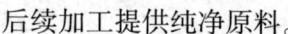

后续加工提供纯净原料。

（二）干燥调质

油菜籽含水量对制油效果影响显著。含水量过高，压榨时易形成粘结饼块，导致出油不畅，且易滋生微生物，使油脂酸败；含水量过低，则油菜籽脆性增加，破碎时易产生过多粉末，同样影响出油率。因此，需根据油菜籽初始含水量与加工要求，进行适度干燥或调湿处理。干燥常采用热风干燥法，通过控制热风温度、风速与干燥时间，将油菜籽含水量调整至 8%～10% 的最佳范围。调质则是在干燥基础上，通过喷洒少量水分并短暂静置，使水分均匀渗透至油菜籽内部，进一步改善其物理性质，提高压榨出油率。

（三）破碎与轧胚

破碎是将油菜籽适度破碎成粒度均匀的小颗粒，增加其表面积，便于后续轧胚与油脂提取。破碎程度需适中，既要保证足够表面积，又要避免产生过多粉末。轧胚则是将破碎后的油菜籽颗粒轧制成薄而均匀的胚片，一般胚片厚度控制在 0.3～0.4 毫米。轧胚质量直接影响油脂提取效率，胚片过厚，油脂不易流出；胚片过薄，则易形成粉末，堵塞油路。

（四）蒸炒调质

蒸炒是预处理的关键环节，通过加热与湿润处理，进一步改变油菜籽的物理与化学性质，提高油脂流动性与出油率。蒸炒过程中，油菜籽在蒸炒锅内经历高温蒸汽与热空气的双重作用，蛋白质变性凝固，细胞结构破坏，油脂黏度降低，流动性增强。同时，蒸炒还可去除部分挥发性异味物质，改善油脂风味。蒸炒温度一般控制在 110～130℃，时间 20～30 分钟，具体参数需根据油菜籽品种、含水量与加工要求进行调整。

二、压榨制油技术

压榨制油是利用机械外力将油菜籽中的油脂挤压出来，具有工艺简单、设备投资少、油脂风味浓郁等优点，但出油率相对较低，饼粕中残油率较高。目前，压榨制油技术主要包括液压压榨与螺旋压榨2种。

(一) 液压压榨制油

液压压榨是一种传统压榨方式，通过液压缸施加压力，将油菜籽胚片在压榨室内缓慢挤压，使油脂从胚片中渗出。液压压榨设备结构简单、操作方便、压力稳定，适用于小规模生产与家庭作坊。其优点是油脂风味纯正，饼粕质量好，可用于饲料或食品加工；缺点是压榨效率低，出油率不高，一般仅为65%~70%，且劳动强度大，自动化程度低。

(二) 螺旋压榨制油

螺旋压榨是现代压榨制油的主流技术，通过螺旋轴在压榨腔内旋转推进，对油菜籽胚片施加连续压力，实现油脂的快速提取。螺旋压榨机具有处理量大、出油率高、自动化程度高、劳动强度低等优点，适用于大规模工业化生产。根据螺旋轴数量与结构不同，螺旋压榨机可分为单螺旋、双螺旋与多螺旋压榨机。在实际生产中，双螺旋压榨机应用最为广泛，其出油率可达75%~80%，饼粕残油率低于8%。螺旋压榨过程中，需严格控制压榨温度、压力与转速等参数，以确保油脂质量与出油率。

三、浸出制油技术

浸出制油是利用有机溶剂（通常为正己烷）对油脂具有良好溶解性的特点，将预处理后的油菜籽胚片与溶剂充分接触，使油脂溶解于溶剂中，形成混合油，再通过蒸发、汽提等工艺将溶剂从混合油中分离出来，得到毛油与湿粕。浸出制油具有出油率高、饼粕质量好、自动化程度高、劳动强度低等优点，是目前大规模工业化制油的主要方法。

(一) 浸出工艺流程

浸出制油工艺主要包括预榨饼浸出与直接浸出2种。预榨饼浸出适用于含油率较高的油菜籽，先将油菜籽预压榨出部分油脂，再对压榨饼进行浸出，可进一步提高出油率。直接浸出则是将预处理后的油菜籽胚片直接进行浸出，适用于含油率较低的油菜籽品种。浸出过程中，溶剂与胚片在浸出器内逆流接触，溶剂从胚片中提取油脂，形成高浓度混合油与低浓度湿粕。混合油经蒸发、汽提等工艺脱除溶剂，得到毛油；湿粕则经脱溶烘干处理，得到饼粕。

(二) 浸出设备与参数控制

浸出器是浸出制油的核心设备，常见的有平转浸出器、环形浸出器、拖链浸出器等。不同类型浸出器具有不同特点，平转浸出器结构简单，操作方便，适用于小规模生产；环形浸出器处理量大，浸出效率高，适用于大规模工业化生产；拖链浸出器则结合了平转浸出器与环形浸出器的优点，具有处理量大、浸出效果好、自动化程度高等特点。浸出过程中，需严格控制溶剂与胚片的比例、浸出温度、浸出时间、溶剂循环量等参数，以确保浸出效果与油脂质量。一般溶剂与胚片比例控制在（1∶0.8）~（1∶1.2），浸出温度50~60℃，浸出时间90~120分钟。

(三) 溶剂回收与安全环保

浸出过程中使用的有机溶剂具有易燃易爆特性，溶剂回收与安全环保至关重要。混合油蒸发与汽提过程中产生的溶剂蒸汽，经冷凝器冷凝后，进入溶剂水分离罐，分离出溶剂与水。分离出的溶剂经净化处理后，可循环使用。湿粕脱溶烘干过程中产生的溶剂蒸汽，同样需进行冷凝回收。为确保生产安全，浸出车间需配备完善的通风、消防、防爆等设施，并严格遵守溶剂操作规程，防止溶剂泄漏与爆炸事故发生。同时，浸出制油产生的废水、废渣等需进行妥善处理，达标排放，减少对环境的影响。

四、油脂精炼技术

通过压榨或浸出得到的毛油,含有游离脂肪酸、磷脂、色素、蜡质、机械杂质等非甘油三酯成分,这些成分不仅影响油脂的外观、风味与稳定性,还可能对人体健康产生不利影响。因此,毛油需经过精炼处理,去除杂质与有害成分,提升油脂品质。油脂精炼主要包括脱胶、脱酸、脱色、脱臭等工序。

(一) 脱胶

脱胶是去除毛油中磷脂等胶体杂质的过程。磷脂在油脂中易形成胶体溶液,使油脂透明度降低,且在加热时易产生泡沫与焦煳味,影响油脂品质与储存稳定性。脱胶方法主要有水化脱胶与酸炼脱胶。水化脱胶是向毛油中加入一定量热水,使磷脂等胶体杂质吸水膨胀、凝聚,然后通过离心分离去除。酸炼脱胶则是在水化脱胶基础上,加入少量磷酸或柠檬酸等酸性物质,进一步破坏胶体结构,提高脱胶效果。

(二) 脱酸

脱酸是去除毛油中游离脂肪酸的过程。游离脂肪酸含量过高,会使油脂酸败速度加快,风味变差,且影响油脂的储存稳定性。脱酸方法主要有碱炼脱酸与物理脱酸。碱炼脱酸是向毛油中加入一定量碱液(通常为氢氧化钠溶液),使游离脂肪酸与碱发生中和反应,生成肥皂与水,然后通过离心分离去除。物理脱酸则是利用游离脂肪酸与甘油三酯的挥发性差异,在高温真空条件下,将游离脂肪酸从油脂中蒸馏出来。

(三) 脱色

脱色是去除毛油中色素、蜡质等杂质的过程。色素会使油脂色泽加深,影响外观;蜡质在低温下易结晶析出,使油脂浑浊,影响食用品质。脱色通常采用吸附脱色法,向脱胶脱酸后的油脂中加入一定量吸附剂（如活性白土、活性炭等），在真空条件下搅拌吸附一定时间，使色素、蜡质等杂质被吸附在吸附剂表面，然后通过过滤分离去除吸附剂与杂质。

(四) 脱臭

脱臭是去除毛油中异味物质的过程。异味物质主要包括醛类、酮类、烃类等挥发性化合物，这些物质会使油脂产生不良风味，影响食用品质。脱臭通常采用高温真空蒸馏法，在240~260℃高温与高真空（残压1~3毫米汞柱）条件下，将异味物质从油脂中蒸馏出来，然后通过冷凝器冷凝回收。脱臭过程中，还可向油脂中通入少量水蒸气，以促进异味物质的挥发与去除。

第二节　油菜饼粕综合利用

油菜籽经过压榨或浸出制油后，会产生大量的油菜饼粕。通常情况下，每制取1吨菜籽油，会产生600~700千克油菜饼粕。传统油菜品种的饼粕中含有硫代葡萄糖苷（简称硫苷）、植酸、单宁、芥子碱等抗营养因子，限制了其广泛应用。但随着"双低"（低芥酸、低硫苷）油菜品种的推广种植，油菜饼粕的品质得以显著提升，其综合利用价值也日益凸显。油菜饼粕的综合利用途径广泛，涵盖农业、食品工业、医药等多个领域。

一、肥料应用

油菜饼粕富含氮、磷、钾等多种营养元素，是优质的有机肥料。其中，氮含量为4%~6%，磷含量（以P_2O_5计）为1.5%~3%，钾含量（以K_2O计）为1%~2%。与普通化肥相比，油菜饼粕作为肥料具有独特优势。它能改善土壤结构，增加土壤有机质含量，提高土壤保水保肥能力，促进土壤微生物的活动，增强土壤肥力的可持续性。例如,在一些蔬菜种植基地,长期施用油菜饼粕肥料的土壤,其团粒结构明显改善,土壤疏松度增加,蔬菜的根系生长更加发达,产量和品质都有显著提升。

油菜饼粕可直接施用,也可经过堆沤发酵后使用。直接施用时,需将其充分粉碎,以加快在土壤中的分解速度。为避免烧苗,应注意与作物根系保持适当距离。由于油菜饼粕自身具有香味,易吸引地下害虫,因此可拌入适量的杀虫剂,如辛硫磷颗粒剂等进行预防。堆沤发酵时,可将油菜饼粕与秸秆、人畜粪便等混合,调节碳氮比至(25~30):1,添加适量的水分,使物料含水量保持在50%~60%,堆积后覆盖塑料薄膜,进行好氧发酵。在发酵过程中,温度会逐渐升高,需定期翻堆,确保发酵均匀。一般经过1~2个月,物料颜色变深、质地疏松、无异味,即表明发酵完成,可作为基肥或追肥使用。

二、饲料应用

(一)营养成分及限制因素

油菜饼粕中蛋白质含量丰富,可达35%~45%,还含有一定量的粗脂肪、纤维素、矿物质(如钙、铁、锰、磷、硒和镁等)以及多种维生素(包括胆碱、生物素、叶酸、烟酸、维生素B_1和维生素B_2等),营养价值较高。然而,传统油菜品种的饼粕中硫苷含量较高,一般为120~180微摩尔/克。硫苷本身无毒,但在芥子酶的作用下,会水解产生异硫氰酸酯、恶唑烷硫酮等有毒物质,这些物质能使动物甲状腺肿大,影响动物的生长发育、繁殖性能和免疫力,导致动物采食量下降、生长缓慢,严重时甚至会引起中毒死亡。此外,油菜饼粕中的植酸、单宁等抗营养因子,会与蛋白质、矿物质等营养成分结合,降低其消化利用率。植酸能与钙、锌、铁等金属离子形成稳定的络合物,阻碍动物对这些矿物质的吸收；单宁具有苦涩味，会降低饲料的适口性，同时与蛋白质结合形成不溶性复合物，影响蛋白质的消化吸收。

（二）脱毒处理方法

为了克服油菜饼粕中的抗营养因子，提高其在饲料中的应用价值，人们开发了多种脱毒处理方法。

1. 物理脱毒法

热处理是较为常用的物理脱毒方法之一，通过加热使芥子酶失活，减少硫苷的水解。例如，采用蒸汽加热处理油菜饼粕，在120~130℃下处理10~15分钟，可有效降低硫苷的水解程度。但热处理时间过长或温度过高，会导致蛋白质变性过度，降低其营养价值。水洗法是利用硫苷及其水解产物能溶于水的特性，通过多次水洗去除硫苷。将油菜饼粕用5~10倍的水浸泡，搅拌均匀后静置，然后过滤去除上清液，重复操作3~4次，可使硫苷含量显著降低。不过，水洗过程会导致部分水溶性营养成分的流失。

2. 化学脱毒法

碱处理法是在油菜饼粕中添加一定量的碱，如氢氧化钠、氢氧化钙等，在一定温度和时间下，使硫苷与碱发生反应，生成无毒的产物。例如，用1%~2%的氢氧化钠溶液处理油菜饼粕，在50~60℃下反应2~3小时，可有效脱毒。但碱处理可能会引入钠离子等杂质，影响饲料的品质。氨处理法是利用氨气与硫苷反应，破坏其结构。将油菜饼粕置于密闭容器中，通入氨气，在一定压力和温度下反应一段时间，可降低硫苷含量。化学脱毒法效果显著，但可能会对环境造成一定污染，且操作过程需要严格控制条件。

3. 生物脱毒法

发酵法是利用微生物发酵分解油菜饼粕中的抗营养因子。常用的微生物有乳酸菌、酵母菌、芽孢杆菌等。例如，将乳酸菌和酵母菌按一定比例混合，接入油菜饼粕中，控制水分含量在40%~50%，在30~35℃下发酵3~5天，可显著降低硫苷、植酸等抗营养因子的含量，同时提高蛋白质的消化率，增加有益微生物和小肽的含量，改善饲料的适口性。酶解法是利用特定的酶，如芥子酶抑制剂、植酸酶等，分解油菜饼粕中的抗营养因子。添加植酸酶可将植酸分解为磷酸和肌醇，提高矿物质的利用率；添加芥子酶抑制剂可抑制硫苷的水解。生物脱毒法具有安全、环保、不影响营养成分等优点，是目前研究和应用的热点。

（三）在饲料中的应用

经过脱毒处理的油菜饼粕，可在畜禽饲料中合理使用。在育肥猪配合饲料中，脱毒油菜饼粕的用量一般不超过20%，小猪料中的用量不超过8%。在蛋鸡饲料中，适量添加脱毒油菜饼粕，可提高蛋鸡的产蛋性能和蛋品质。例如，在蛋鸡日粮中添加5%~10%的脱毒油菜饼粕，鸡蛋的蛋黄颜色加深，蛋白质含量略有提高，且不会影响蛋鸡的采食量和产蛋率。在水产饲料中，油菜饼粕也有一定的应用。由于鱼类对蛋白质的需求较高，脱毒油菜饼粕可作为部分蛋白质源替代鱼粉等昂贵的蛋白原料。但要注意控制添加量，避免因抗营养因子残留影响鱼类的生长和健康。一般在草鱼、鲤鱼等杂食性鱼类饲料中，脱毒油菜饼粕的添加量可控制在10%~20%。

三、食品工业应用

（一）菜籽蛋白提取与应用

油菜饼粕中的蛋白质含量高，且氨基酸组成较为平衡，含有人体必需的多种氨基酸，具有较高的开发利用价值。提取菜籽蛋白常用的方法有碱溶酸沉法、酶解法、超滤法等。碱溶酸沉法是利用蛋白质在碱性条件下溶解，在酸性条件下沉淀的特性进行提取。将油菜饼粕粉碎后,用 0.1~0.2 摩尔/升的氢氧化钠溶液浸泡,在 40~50℃下搅拌 1~2 小时,然后离心分离,取上清液,用盐酸调节 pH 值至 4.5~5,使蛋白质沉淀,再经过离心、洗涤、干燥等步骤,得到菜籽蛋白。该方法工艺简单,但蛋白质损失较大,且产品的功能特性有待提高。酶解法是利用蛋白酶对油菜饼粕进行水解,使蛋白质释放出来。选择合适的蛋白酶,如碱性蛋白酶、中性蛋白酶等,在适宜的温度、pH 值和酶用量条件下进行水解,然后通过灭酶、离心、分离等操作,得到菜籽蛋白。酶解法具有反应条件温和、蛋白质水解度可控、产品功能特性好等优点。超滤法是利用超滤膜对蛋白质溶液进行分离,可有效去除小分子杂质,提高蛋白质的纯度。将酶解后的蛋白质溶液通过超滤膜,截留分子量较大的蛋白质,得到纯净的菜籽蛋白。

提取的菜籽蛋白可广泛应用于食品工业。在烘焙食品中,如面包、饼干、糕点等,添加菜籽蛋白可提高产品的蛋白质含量,改善产品的质地和口感。在肉制品中,菜籽蛋白可作为添加剂,起到保水、保油、增加产品弹性的作用。例如,在火腿肠、肉丸等产品中添加 3%~5% 的菜籽蛋白,可提高产品的出品率,降低生产成本,同时不影响产品的风味和品质。在植物蛋白饮料中,菜籽蛋白可作为主要原料,生产具有独特风味和营养的饮料。将菜籽蛋白与其他植物蛋白(如大豆蛋白、花生蛋白等)复配,可优化产品的营养成分和口感。

(二)其他成分利用

油菜饼粕中还含有菜籽多糖、多酚等具有生物活性的成分,在食品工业中也有潜在的应用价值。菜籽多糖具有抗氧化、免疫调节、降血脂等生理功能。采用水提、碱提等方法可从油菜饼粕中提取菜籽多糖。水提法是将油菜饼粕粉碎后,用热水浸泡,在

70~80℃下搅拌2~3小时，然后离心分离，取上清液，经过浓缩、醇沉、干燥等步骤，得到菜籽多糖。碱提法是在碱性条件下提取，可提高多糖的提取率，但可能会破坏多糖的结构。提取的菜籽多糖可作为功能性食品添加剂，应用于保健食品、饮料等产品中，增强产品的保健功能。

菜籽多酚具有较强的抗氧化性，可清除自由基，抑制脂质过氧化。常用的提取方法有溶剂萃取法、超声辅助提取法、微波辅助提取法等。溶剂萃取法是利用多酚易溶于有机溶剂的特性，用乙醇、丙酮等有机溶剂进行提取。超声辅助提取法和微波辅助提取法可提高提取效率，缩短提取时间。提取的菜籽多酚可作为天然抗氧化剂，应用于油脂、肉制品、饮料等食品中，延长食品的保质期，提高食品的安全性。

四、其他工业应用

（一）生物活性物质提取

油菜饼粕中含有多种生物活性物质，除了上述的菜籽蛋白、多糖、多酚外，还含有植酸、植物甾醇等。植酸是一种重要的有机磷化合物，在食品、医药、化工等领域有广泛应用。从油菜饼粕中提取植酸常用的方法有沉淀法、离子交换法等。沉淀法是利用金属离子与植酸形成不溶性沉淀，然后通过酸化等步骤得到植酸。离子交换法是利用离子交换树脂对植酸进行吸附和解吸，得到纯净的植酸。提取的植酸可作为食品保鲜剂、抗氧化剂、金属离子螯合剂等。在医药领域，植酸可用于制备治疗心血管疾病、糖尿病等的药物。

植物甾醇具有降低胆固醇、抗炎、抗氧化等生理功能。采用溶剂萃取、柱层析等方法可从油菜饼粕中提取植物甾醇。将油菜饼粕用有机溶剂提取后，通过柱层析分离，得到植物甾醇。提取的植物甾醇可应用于保健食品、化妆品等领域，如添加到护肤品中，具有保湿、抗炎等功效。

(二) 生物燃料生产

随着能源需求的增长和环保意识的提高，利用油菜饼粕生产生物燃料成为研究热点。油菜饼粕中的纤维素、半纤维素等碳水化合物，可通过发酵转化为乙醇等生物燃料。首先，对油菜饼粕进行预处理，如酸处理、碱处理、酶处理等，破坏其结构，使碳水化合物更容易被微生物利用。其次，接入能利用碳水化合物发酵产生乙醇的微生物，如酵母菌等，在适宜的条件下进行发酵。发酵结束后，通过蒸馏等方法分离得到乙醇。最后，油菜饼粕还可通过厌氧发酵产生沼气，沼气的主要成分是甲烷，可作为清洁能源使用。将油菜饼粕与畜禽粪便等混合，在厌氧发酵池中进行发酵，产生的沼气可用于发电、供热等。

第三节　油菜其他产品开发

随着对油菜研究的深入，油菜除了在制油和饼粕利用方面展现重要价值外，在其他产品开发领域也不断拓展，为油菜产业注入了新的活力，带来了更高的附加值。

一、生物活性成分提取与应用

(一) 植物甾醇

油菜籽中富含植物甾醇，它是一类具有重要生理功能的天然化合物，主要包括菜油甾醇、豆甾醇、β-谷甾醇等。植物甾醇具有降低胆固醇、抗炎、抗氧化等功效。在提取方面，通常采用溶剂萃取结合柱层析的方法。先用正己烷、石油醚等有机溶剂对油菜籽进行萃取，使植物甾醇溶解在有机溶剂中，然后通过硅胶柱层析、大孔吸附树脂柱层析等技术进一步分离纯化。例如，以硅胶柱层析为例，选择合适的洗脱剂（如正己烷—乙酸乙酯混合液），逐步洗脱硅胶柱上的物质，收集含有植物甾醇的洗脱液，再经过浓缩、结晶等步骤，得到高纯度的植物甾醇产品。在应用领域，植物甾醇在食品工业中常被添加到食用油、乳制品、烘焙食品等产品中，以提高产品的营养价值。在保健食品中，植物甾醇作为主要功效成分，制成软胶囊、片剂等剂型，用于辅助调节血脂。在化妆品领域，植物甾醇因其具有保湿、抗炎、促进皮肤细胞再生等特性，被广泛应用于护肤品中，如面霜、乳液、洗面奶等产品，能够改善皮肤的水分保持能力，减轻皮肤炎症，使皮肤更加健康、光滑。

（二）生育酚（维生素 E）

油菜籽油是生育酚的良好来源，生育酚具有抗氧化、延缓衰老、保护心血管等多种生理功能。从油菜籽油中提取生育酚一般采用分子蒸馏技术。分子蒸馏是一种在高真空下进行的特殊蒸馏技术，利用不同物质分子运动平均自由程的差异实现分离。首先，将油菜籽油进行预处理，去除杂质和脂肪酸等成分，得到相对纯净的甾醇酯和生育酚的混合物。然后，将该混合物送入分子蒸馏设备，在高真空（压力通常在 1~10 帕）和适宜的温度（一般在 150~250℃）条件下，生育酚由于分子运动平均自由程较大，能够从混合物中分离出来，经过冷凝收集得到生育酚产品。生育酚在食品工业中被广泛用作抗氧化剂，可添加到油脂、肉制品、饮料等食品中，有效延长食品的保质期，防止食品因氧化而变质，保持食品的色泽、风味和营养成分。在医药领域，生育酚常被用于制备治疗心血管疾病、习惯性流产、不孕症等的药物。在化妆品中，生育酚作为一种高效的抗氧化剂，能够清除皮肤中的自由基，减少紫外线对皮肤的伤害，预防皮肤衰老，被添加到各类护肤品中，如精华液、防晒霜等。

（三）多酚类物质

油菜中含有丰富的多酚类化合物，如没食子酸、儿茶素、表儿茶素、芦丁等。这些多酚类物质具有很强的抗氧化活性，能够清除体内自由基，预防多种慢性疾病。提取油菜中的多酚类物质，常用的方法有溶剂萃取法、超声辅助提取法、微波辅助提取法等。溶剂萃取法一般使用乙醇、丙酮等有机溶剂，在一定温度和时间下对油菜原料（如油菜籽、油菜秸秆等）进行浸泡萃取，使多酚类物质溶解在溶剂中，然后通过过滤、浓缩等步骤得到多酚提取物。超声辅助提取法和微波辅助提取法是利用超声波或微波的作用，加速多酚类物质从原料中溶出，提高提取效率，缩短提取时间。提取得到的油菜多酚在食品工业中可作为天然抗氧化剂，替代合成抗氧化剂，应用于油脂、饮料、肉制品等食品的保鲜和品质提升。在医药领域，油菜多酚的抗氧化、抗炎等特性使其具有潜在的药用价值，可用于开发预防和治疗心血管疾病、癌症、糖尿病等疾病的药物。在化妆品中，油菜多酚能够抑制酪氨酸酶的活性，减少黑色素的生成，具有美白祛斑的功效，同时其抗氧化作用有助于延缓皮肤衰老，因此被应用于美白、抗皱等护肤品中。

二、油菜功能性食品开发

（一）油菜花粉制品

油菜花粉是蜜蜂采集油菜雄蕊上的生殖细胞，它富含蛋白质、氨基酸、维生素、矿物质、黄酮类化合物等多种营养成分和生物活性物质。在加工方面，首先，对采集的油菜花粉进行除杂处理，去除其中的杂质、蜂尸等异物。其次，采用低温干燥技术，在 40~50℃ 的温度下将花粉干燥至含水量在 5%~8%，以保持花粉的活性成分。最后可通过破壁处理，如采用气流破壁、冷冻破壁等方法，打破花粉壁，使其中的营养成分更易被人体吸收。油菜花粉可制成多种功能性食品。在花粉胶囊方面，将破壁后的油菜花粉与适量的辅料（如淀粉、糊精等）混合均匀，装入胶囊壳中,制成便于服用的花粉胶囊。花粉口服液则是将油菜花粉经过提取、浓缩等工艺,加入适量的甜味剂、防腐剂、水等,调配成具有一定风味和功效的口服液产品。此外,还可将油菜花粉添加到饼干、蛋糕、酸奶等食品中,开发出具有独特风味和保健功能的食品。油菜花粉制品具有增强免疫力、调节内分泌、抗疲劳、美容养颜等功效,深受消费者喜爱。

(二) 油菜籽肽产品

油菜籽肽是油菜籽蛋白经过酶解、分离、纯化等工艺得到的小分子活性肽。在制备过程中,首先选择合适的蛋白酶,如碱性蛋白酶、中性蛋白酶等,在适宜的温度(一般为 40~60℃)、pH 值(根据蛋白酶的特性而定,如碱性蛋白酶的适宜 pH 值为 8~10)和酶用量条件下,对油菜籽蛋白进行水解。水解结束后,通过加热灭酶、离心分离等操作,去除未水解的蛋白和杂质,得到含有油菜籽肽的溶液。然后采用超滤、纳滤等膜分离技术,对溶液进行分离纯化,根据肽的分子量大小进行分级,得到不同分子量段的油菜籽肽产品。油菜籽肽具有多种生理功能,如降血压、抗氧化、增强免疫力、促进矿物质吸收等。在功能性食品开发中,油菜籽肽可制成固体饮料,将其与其他功能性成分(如维生素、矿物质、膳食纤维等)和甜味剂、香精等辅料混合均匀,制成颗粒状或粉末状的固体饮料,方便消费者冲服。也可添加到运动营养食品中,如运动饮料、能量棒等,帮助运动员快速补充能量,缓解疲劳,促进体力恢复。此外,油菜籽肽还可用于开发针对高血压、糖尿病等慢性疾病患者的特殊医学用途配方食品,辅助疾病的治疗和康复。

三、油菜在化妆品原料领域的应用

(一) 油菜籽油衍生物

油菜籽油经过精炼后,可进一步加工成多种衍生物,在化妆品中具有广泛应用。例如,油菜籽油通过酯交换反应可制备脂肪酸甲酯,它具有良好的溶解性和润滑性,在化妆品中可作为溶剂、润肤剂使用。在口红、唇膏等产品中,脂肪酸甲酯能够使产品质地更加均匀、细腻,涂抹更加顺滑,同时具有保湿作用,防止唇部干燥。油菜籽油还可通过氢化反应制备氢化油菜籽油,它具有较高的熔点和稳定性,可用于制作膏霜、乳液等化妆品的稠化剂,调节产品的质地和稳定性。此外,油菜籽油中的不饱和脂肪酸经过氧化、环氧化等反应,可制备出具有特殊功能的化合物,如环氧脂肪酸酯,它具有良好的抗氧化性和抗菌性,可添加到护肤品中,增强产品的抗氧化和抗菌能力,保护皮肤免受外界环境的伤害。

(二)油菜植物提取物

除了油菜籽油衍生物外,油菜植株的其他部分提取物也可应用于化妆品中。例如,从油菜叶片、茎秆中提取的多糖类物质,具有保湿、修复皮肤屏障的功能。在提取过程中,通常采用水提、碱提等方法,将油菜原料粉碎后,用热水或碱性溶液进行浸泡提取,然后经过浓缩、醇沉、分离等步骤,得到油菜多糖提取物。在护肤品中,油菜多糖可添加到面膜、面霜等产品中,能够吸收和保持皮肤水分,增加皮肤的弹性,改善皮肤干燥、粗糙等问题。从油菜中提取的黄酮类化合物具有抗氧化、抗炎、美白等功效,可通过溶剂萃取等方法获得。在美白产品中,黄酮类化合物能够抑制酪氨酸酶的活性,减少黑色素的合成,从而达到美白祛斑的效果;在抗炎产品中,它能够减轻皮肤炎症反应,缓解皮肤红肿、瘙痒等症状。因此,油菜黄酮类提取物可应用于各类美白、抗敏护肤品中。

第十章 油菜种植模式与产业发展案例

第一节 油菜高产高效绿色种植模式

一、陕西周原镇油坊村"玉米—油菜旱地轮作"绿色高效模式

（一）模式概述

在陕西省宝鸡市陈仓区周原镇油坊村，近年来通过积极推进土地适度规模流转，成功整合零散土地资源，为规模化、现代化农业生产奠定基础。2023年9月，油坊村与陕西省杂交油菜研究中心建立深度合作关系，借助科研机构的专业力量，引入由"油菜杂交之父"李殿荣团队精心研发的'秦优797'油菜品种，并在120亩土地上示范种植。在种植模式上，油坊村推行"玉米—油菜旱地轮作"模式。玉米于春季播种，秋季收获，收获后的玉米秸秆进行粉碎还田处理。紧接着在秋季完成油菜播种，到翌年夏季收获油菜籽。2024年6月，经中国农业技术推广协会组织专业权威的专家团队进行实地机收测产，该示范田油菜亩产量高达310.7千克，在全国油菜高产竞赛旱地轮作组中排名第四，在陕西省内位居榜首。

（二）技术亮点

1. 轮作增效

在轮作体系里，玉米秸秆还田是关键环节。当玉米收获后，

利用大型秸秆粉碎机械将秸秆打碎,均匀铺撒在田间,并通过深耕作业将其翻埋入土。油菜根系在生长过程中会分泌多种有机酸,这些有机酸能够与土壤中难溶性的磷、钾等养分发生化学反应,将其转化为植物可吸收利用的形态。基于土壤肥力的提升以及养分的合理利用,减少化肥使用量,既降低了生产成本,又减轻了因过度使用化肥对土壤和环境造成的压力。

2. 品种优势

'秦优797'品种优势明显,其含油量高达48.5%,与普通油菜品种相比,出油率提高了5~8个百分点。该品种的植株茎秆粗壮,根系发达,具有极强的抗倒伏能力。在遭遇强风、暴雨等恶劣天气时,普通油菜品种倒伏率可能达到30%~40%,而'秦优797'的倒伏率可控制在5%以内。此外,'秦优797'的植株高度、分枝角度以及角果分布等特征都非常适宜机械化收割。在实际收割作业中,采用大型联合收割机,收割效率较普通品种高,且收割损失率低,极大地提升了油菜收割的效率和效益。

3. 农机农艺融合

油坊村在种植过程中大力推广农机农艺融合技术。播种环节采用宽幅精量播种机,这种机械能够一次性完成开沟、播种、施肥、覆膜等多项作业工序。在播种速度上,相较于传统人工播种,效率提高了10倍以上,每天可完成播种面积达50~60亩。同时,精量播种技术能够精准控制油菜种子的播种量和播种间距,保证每株油菜都有充足的生长空间和养分供应,使得油菜出苗率提高,且出苗整齐度高。通过机械化作业,原本需要大量人工完成的种植工序得以高效完成。在田间管理阶段,利用无人机进行病虫害监测和防治,以及叶面施肥等作业,无人机可快速覆盖大面积农田,作业效率是人工的数十倍,且药剂和肥料喷施均匀,有效提高了防治效果和肥料利用率。

(三) 经济效益

通过"玉米—油菜旱地轮作"绿色高效模式的实施,油坊村实现了显著的经济效益。以油菜种植为例,在产量提升方面,示范田亩产量达到 310.7 千克,比当地传统油菜种植亩产量增加了 80~100 千克。按照当前市场油菜籽价格每千克 5~6 元计算,仅油菜一项,每亩增收 400~600 元。再加上玉米种植的收益,扣除生产成本后,亩均增收可达 800 元左右。在示范效应带动下,周边农户积极参与到"玉米—油菜旱地轮作"种植模式中来,种植面积逐步扩大。周原镇也借助这一模式,不断提升粮油产能,形成了"吨粮镇"粮油双增的良好格局,即粮食产量稳定在吨粮水平,同时油菜等油料作物产量也大幅增加,为保障区域粮油安全和促进农民增收发挥了重要作用。

二、云南临翔区'华油杂 5R'旱地轮作模式

(一) 模式概述

云南省临沧市临翔区在油菜产业发展进程中,积极探索创新,聚焦油菜种植面临的关键问题,走出了一条独具特色的发展之路。临翔区的土壤与气候条件适宜油菜种植,但长期以来,因地块连年种植单一作物,十字花科根肿病频发,严重制约了油菜产量与品质的提升,威胁着全区油菜生产安全。为破解这一难题,2021 年,临翔区农业农村局精准施策,从源头入手,引进了适宜本地种植的抗根肿病品种'华油杂 5R'。该品种由华中农业大学、湖北利众种业科技有限公司、云南省农业科学院经济作物研究所联合选育,具有诸多优良特性,为临翔区油菜产业的变革注入了新活力。

在引进品种的基础上,临翔区着力构建"三精"技术体系,

全方位提升油菜种植水平。精量播种环节，摒弃传统粗放的播种方式，采用先进的精量播种机械，严格把控播种量与播种间距。依据土壤肥力、气候条件以及品种特性，将每亩播种量精准控制在适宜范围，确保每粒种子都能在最佳环境中生长，出苗率稳定在95%以上，且出苗整齐度极高，为后期油菜的健康生长与高产打下坚实基础。在精准施肥方面，借助土壤检测技术，对全区不同地块的土壤养分状况进行详细分析，依据检测结果制定个性化施肥方案。针对'华油杂5R'的需肥规律，合理调配氮、磷、钾及微量元素的比例，采用油菜专用缓释肥与一次性施肥技术相结合的方式，既保证了油菜在不同生长阶段对养分的持续需求，又避免了肥料的浪费与过度施用对土壤和环境造成的不良影响，提高了肥料利用率。精细管理涵盖了从苗期到收获期的全过程，技术人员定期深入田间地头，密切关注油菜生长状况，及时开展病虫害监测与防治、中耕除草、水分管理等工作，为油菜生长营造良好环境。

通过一系列科学举措的实施，临翔区油菜种植成效显著。在2024年全国高产竞赛中，经国内权威专家现场实产验收，创下了亩产456.47千克的惊人成绩，远超全国平均亩产水平，同时含油量高达54.74%，在全国油菜种植领域脱颖而出，成为高产高效绿色种植的典范。

（二）技术亮点

1. 抗病品种

'华油杂5R'对根肿病展现出超强的抗性，经专业机构检测与多年田间种植实践验证，其抗性达95%。在根肿病高发区域，传统油菜品种发病率可能高达50%~60%，患病植株生长受阻，严重时甚至整株死亡，导致大幅减产。而种植'华油杂5R'后，发病率可控制在5%以内，极大地保障了油菜的健康生长。由于

第十章 油菜种植模式与产业发展案例

病害发生概率大幅降低,农药使用量相应减少。以往为防治根肿病及其他病虫害,农户需频繁喷施农药,不仅增加生产成本,还易造成农产品农药残留超标与环境污染。如今,农药使用量的减少,既降低了农户的投入成本,又提升了油菜籽的品质,使临翔区油菜产品在市场上更具竞争力,同时也为农业生态环境的保护作出积极贡献。

2. 旱地保墒

临翔区部分区域属于旱地,降水不均且蒸发量大,水分成为制约油菜生长的关键因素。为此,临翔区大力推广"深沟高垄+地膜覆盖"技术。在播种前,利用大型机械进行深沟高垄作业,垄高20~30厘米,沟深30~40厘米,通过合理设置垄沟布局,有效增强了农田的排水与蓄水能力。在雨季,多余降水可迅速通过垄沟排出,避免油菜受涝;旱季时,垄沟又能有效拦截雨水,使其渗入土壤深层,为油菜生长储备水分。同时,配合地膜覆盖技术,选用厚度适宜的地膜,将种植区域全覆盖,地膜可有效减少土壤水分蒸发,提高土壤保墒能力。在同等降水条件下,采用"深沟高垄+地膜覆盖"技术的地块,土壤含水量在油菜整个生育期内始终保持在适宜范围,为油菜高产创造了良好的水分条件。

3. 全产业链协同

临翔区深知,要实现油菜产业的可持续发展,不能仅局限于种植环节,必须打造完整的全产业链。为此,临翔区积极布局加工产业,配套建设了2家规模以上加工企业。这些企业引进先进的生产设备与工艺,具备年加工油菜籽数万吨的能力,从油菜籽收购、储存到加工、包装,形成了一套标准化、现代化的生产流程,极大地提升了油菜产品附加值。在品牌建设方面,临翔区整合资源,注册了'紫玉''优顺''天源''曼莱'等17个品牌，通过统一品牌形象设计、产品质量管控以及市场推广，提升了临翔区油菜产品的知名度与美誉度。此外，临翔区积极推动"菜籽油"申报国家地理标志保护，并最终成功获批。国家地理标志保护的获得，不仅赋予了临翔区菜籽油独特的地域标识与品质背书，更提升了产品的市场竞争力与价格优势，进一步促进了产业发展。

（三）经济效益

随着'华油杂 5R'旱地轮作模式的成功推广与全产业链的协同发展，临翔区油菜产业经济效益显著提升。2024 年，油菜种植面积突破 8 万亩，相较于几年前实现了大幅增长。从产值来看，综合产值达到 4.64 亿元，涵盖了种植、加工、销售等各个环节。在种植环节，高产带来的直接收益增加，农户种植油菜的积极性高涨；在加工环节，企业通过精深加工，提升产品附加值，创造了可观的利润；在销售环节，品牌影响力的扩大与市场渠道的拓展，使产品畅销省内外。油菜产业已成为临翔区农民增收致富的重要渠道，同时也为区域经济发展注入了强劲动力，推动了乡村振兴战略的实施。

三、江西婺源"农文旅融合驱动型"模式

（一）模式概述

江西省上饶市婺源县依托 2 967 千米^2 的生态资源，构建"油菜种植+乡村旅游+功能产品开发"全产业链体系，形成"以花为媒、以美促富"的乡村振兴模式。据江西婺源旅游部门预计，2025 年油菜花赏花季，婺源县将接待游客 530 余万人次，带动旅游综合收入超过 50 亿元。

核心举措包括：与农科院合作推广'中油杂 19 号''赣油杂 8 号'等高产高油品种，通过彩色油菜花技术延长花期至 70

天打造网红景点；集成"三全高效"技术，应用前沿育种技术实现四季经济；依托特色资源开发油菜花主题民宿、摄影节等业态。

（二）技术亮点

1. 高产品种与栽培技术

'中油杂19号'具备耐旱、耐寒、抗倒伏特性，单株产量达1.5~2.5千克，亩均产油量130千克（含油量45%），较传统品种减少农药使用量30%；'赣油杂8号'则以花瓣大、花色艳、抗病性强著称，平均亩产150.47千克，增产11.29%，菜籽含油量达48.5%。同时，采用"早中晚熟品种搭配"技术，延长花期至70天，2025年篁岭梯田油菜花最佳观赏期可持续至4月中旬。

2. 节水抗旱与土壤改良

针对伏秋连旱，婺源综合运用河道提灌、打井灌溉、水库放水等方式补充土壤墒情；同时推广"油菜—水稻"轮作，利用油菜根系分泌物活化土壤磷钾，减少化肥用量，提高土壤有机质含量。

3. 彩色油菜花技术突破

江西农业大学团队通过杂交育种与基因编辑，培育出紫色、白色、橘红色等75种花色，2025年严田景区60亩彩色油菜花田成为"网红打卡点"。彩色油菜花不仅观赏性强，其亩均产籽量超200千克，含油量最高达53%，花瓣提取物可用于制作护手霜、精油等衍生品，附加值大大提升。

（三）经济效益

江西婺源依托"农文旅融合驱动型"模式取得显著经济效益。2023年全县油菜籽产量11 991吨，较2020年增长22%。2024年1—2月接待游客355.7万人次，同比增长14.3%，综合收入达 31.1 亿元。当地注册"婺源油菜花"地理标志,与益海嘉里集团合作推出特色菜籽油,提升产品溢价。同时,建立菜籽油加工厂,开发"油菜花蜜"等衍生产品,延伸产业链。油菜产业各环节吸纳大量本地劳动力,促进农民增收。此外,举办油菜花经济研讨会,输出彩色油菜花技术,获得技术授权收入。通过油菜种植,土壤得到改良,生态环境改善;还依托油菜花海开展文化活动,促进文化传承与旅游发展,实现产业协同共赢。

四、内蒙古固阳县"宽膜沟播"抗旱节水模式

(一)模式概述

内蒙古自治区包头市固阳县地处典型的旱作农业区,长期面临降水稀少、水资源匮乏、有效积温低以及油菜单产低且不稳定等难题,传统种植模式难以实现农业高产高效。为突破发展瓶颈,包头市以"提温、保墒、集雨、调整播期、降本增效"为核心目标,经多年试验探索,集成推广油菜宽膜沟播栽培技术,并逐步形成成熟的"宽膜沟播"抗旱节水模式。

自 2021 年起,固阳县从试点示范入手,不断对该技术进行试验、更新与改善。2022 年,春油菜单产实现显著增长,增幅达 36%。2023 年,借助油菜优质高效增粮示范行动项目资金支持,进一步扩大试验示范规模,应用面积达 2.5 万亩。通过不断总结实践经验,该模式取得多项技术成果,成功申报《一种宽膜沟播的播种机》实用新型专利和《一种适用于冷凉干旱地区的宽膜沟播栽培方法》发明专利,并立项《冷凉干旱地区油菜宽膜沟播栽培技术规程》地方标准。同时,以乡镇为单元进行布点,构建起由点及面的网状联动体系,推动农机农艺统一化、标准化,确保技术精准落地,使"宽膜沟播"模式从技术成果转化为切实可行的农业生产解决方案,有效破解了当地旱作农业发

展困境。

(二) 技术亮点

1. 开沟探墒与精准播种

宽膜沟播技术采用特制开沟器，能够深入土壤开沟至适宜播种位置。通过精准探测土壤墒情，确保种子播种在湿土层中，为种子萌发提供充足水分条件，极大地提高了种子出苗率和幼苗成活率。相较于传统播种方式，该技术有效解决了旱作区因土壤干旱导致种子难以发芽的问题，保障了作物种植初期的生长需求。

2. 集水保墒与高效节水

在宽膜沟播模式下，开沟处与未开沟处、穴播位与非穴播位形成特定高度差，这种独特的结构设计如同天然的集水系统。降雨时，落在膜上的自然降水会顺着膜面流向沟内，并通过穴孔汇集到作物根部，相较于非沟穴种植方式，自然降水利用率提高 3 倍。该技术充分利用有限降水，减少水分蒸发和流失，使作物在干旱环境下也能获得相对充足的水分供应，实现高效节水灌溉。

3. 吸热保温与绿色除草

采用黑色宽膜覆盖，能够高效吸收太阳光热，显著提高地温。在种子发芽阶段，升高的地温为种子萌发创造了良好的温度条件，加快发芽速度，提高发芽率；在作物生长过程中，稳定的地温保障了作物对热能的需求，促进植株健康生长。同时，黑色宽膜覆盖还具有抑制杂草生长的作用，减少了杂草与作物争夺养分、水分和光照，降低了人工除草或化学除草的成本与环境风险，实现绿色除草效果。

4. 提前播种与错峰作业

黑色宽膜的吸热特性使土壤表层温度快速升高，当达到种子发芽温度时，即可提前进行播种。提前播种能够有效利用早春土壤墒情，避免因后期干旱导致土壤缺水影响播种和出苗。此外，错峰播种还能缓解灌溉高峰期的用水压力，优化水资源调配，提高农业生产效率。

(三) 经济效益

固阳县"宽膜沟播"抗旱节水模式在经济效益方面成效显著。2022年，油菜宽膜沟播试验示范田单产达187千克/亩以上，较农户传统种植方式增产36%；2023年，试验示范田单产达150千克/亩以上，增产幅度进一步提升至42%，每亩增产创收达220元。

从成本控制角度，该模式实现了"四控"目标，有效节水30%、节肥10%、节药30%，降低了农业生产过程中的资源投入成本。随着模式的大面积推广，固阳县油菜种植的整体效益大幅提升，农民收入显著增加。同时，"宽膜沟播"模式还被成功应用于高粱、玉米、谷子、大豆、向日葵等多种作物种植，均取得明显增产效果，进一步拓宽了当地农业产业发展路径，优化了农业产业结构，为旱作农业区实现可持续发展、提高农业综合效益提供了有力支撑。

五、湖北江陵县"种肥同播"轻简化模式

(一) 模式概述

湖北省荆州市江陵县杨汊湖村积极响应农业现代化发展需求，大力推广油菜种肥同播技术，创新打造"种肥同播"轻简化模式。该模式依托先进的农业机械设备，将油菜种子与基肥在播种环节同步施入土壤，实现了"一次作业，两种功效"，大幅简化种植流程，显著提升种植效率。在实际应用中，通过合理调配农机资源，仅用两天时间就能完成120亩油菜的播种工作，较传统人工播种效率提升数十倍，为油菜种植的规模化、集约化发展提供了有力支撑。同时，该模式在保障播种质量的基础上，有

效降低了人工成本和时间成本，成为江陵县油菜产业提质增效的重要举措。

（二）技术亮点

1. 农机创新与精准作业

江陵县引进和改造适用于种肥同播的专用播种机械，该机械配备了精密的种子计量装置和肥料分配系统。在播种过程中，能够根据油菜品种特性和土壤肥力状况，精准控制种子播量和肥料施用量。以常见的双行播种机为例，种子播量误差可控制在±3%以内，肥料施用量误差控制在±5%以内，确保种子与肥料均匀分布，为油菜生长创造良好条件。同时，机械的播种深度和行距也可灵活调节，一般播种深度保持在2~3厘米，行距为30~40厘米，既保证种子顺利发芽，又有利于植株后期通风透光和田间管理。

2. 种肥协同与科学配比

种肥同播技术注重种子与肥料的协同效应，在肥料选择上，采用油菜专用缓释复合肥，这种肥料富含氮、磷、钾及微量元素，能够满足油菜不同生长阶段的养分需求。在施肥量上，根据土壤检测结果和油菜目标产量，制定科学的施肥方案。一般每亩施入缓释复合肥30~40千克，与种子保持5~8厘米的安全距离，避免肥料烧种。通过种肥同播，肥料能够及时为种子发芽和幼苗生长提供养分，促进根系发育，增强油菜的抗逆性，与传统先播种后施肥的方式相比，肥料利用率提高15%~20%。

3. 轻简高效与省工省时

传统油菜播种需要先整地，再人工或机械播种，之后单独施肥，工序烦琐，耗费大量人力和时间。而"种肥同播"轻简化模式将播种与施肥合二为一，减少了田间作业次数，降低了机械对土壤的压实程度，保护了土壤结构。以120亩油菜种植为例，采用传统方式需要10~15名工人耗时5~7天完成播种和施肥工作,而采用种肥同播技术,仅需2~3名操作人员操作2台播种机,2天即可完成,人工成本降低70%~80%,作业时间缩短60%以上。

(三)经济效益

江陵县"种肥同播"轻简化模式带来了显著的经济效益。在成本方面,由于减少了人工投入和作业次数,每亩油菜种植的用工成本降低80~100元,机械作业成本降低30~50元,综合成本每亩减少110~150元。同时,肥料利用率的提高使得化肥使用量减少10%~15%,进一步节约了生产成本。

在产量和收益方面,得益于种肥同播技术对油菜生长的促进作用,油菜苗生长健壮,抗病虫害能力增强,有效提高了油菜的结实率和千粒重。此外,由于种植效率大幅提升,农民能够在更短时间内完成播种工作,从而有更多时间和精力开展其他农事活动或增加副业收入,进一步提高了综合收益。随着"种肥同播"轻简化模式在江陵县的推广应用,全县油菜种植面积逐年扩大,产业效益不断提升,成为农民增收致富的重要途径。

第二节 油菜产业发展案例

一、一粒油菜籽"长"成产业链

近年来,衡水市安平县杨屯村积极探索油菜种植增收路径,不断扩规模、拓市场、增效益,实现了一二三产业融合发展。

(一)一粒油菜籽"长"成产业链

2023年12月16日,雪后的安平县安平镇杨屯省级乡村振兴示范区油菜田里,白茫茫一片。

第十章 油菜种植模式与产业发展案例

走进地头,杨屯村党支部书记刘影弯腰扒开积雪,露出一小片墨绿色的油菜。他掏出手机,录了一段视频,随即发给老朋友——中国工程院院士、国家油菜产业技术体系首席科学家王汉中。入秋以来,两人交流频繁,说的全是油菜。

拔起一株油菜,轻轻捧在手里,刘影满眼含笑:"别看俺这油菜小,可是长成了大产业哩!"

近年来,杨屯村以油菜种植为依托,持续在产业链上下功夫:种植增产,加工增效,观赏增值……一株油菜实现了3次产业融合,成为群众增收的重要来源。2023年,这季油菜长势良好,翌年丰收几成定局,预计亩均增收1 000多元。

(二) 种油菜,闲置地长出"金娃娃"

1 480人的杨屯村有3 000亩耕地,以前主要种植小麦、玉米等传统作物。

2015年,刘影回村担任党支部书记,开始带领大家调整种植结构,拓宽增收门路。

2016年,杨屯村被列入地下水超采综合治理项目区,粮食作物种植改一年两熟为一年一熟。每年秋后到翌年春天,全村耕地都面临闲置。如何既符合压采政策,又让闲置地增收?刘影和村"两委"成员商量,可以试着种植耐旱作物。

刘影带着大家先后考察了谷子、大豆等多个品种,发现油菜具有抗旱耐瘠、适应性广等特性,便决定试种。

"油菜一般在南方种植,咱北方能种好吗?"乡亲们纷纷摇头,怕亏钱。

看村民们犹豫,刘影自掏腰包1.5万元购买油菜籽,带领村干部先行先试。转过年来,试种的油菜喜获丰收,亩均能收入五六百元。

第一年试种就出了成效,给村民吃下"定心丸"。大家争着加入,全村耕地秋后都种上了油菜。种植面积从最初的20多亩扩展到所有耕地。

规模有了,如何进一步提高收益?一次偶然的机会,刘影获得一条重要信息:中国工程院院士王汉中,在油菜领域是全国首屈一指的权威。刘影主动联系王汉中院士,专程登门拜访,希望得到指导。

功夫不负有心人。2018年,王汉中院士团队与杨屯村合作,成立国家油菜产业第一个村级院士工作站,全力打造华北平原油菜种植实验基地。"现在我们种植的耐寒耐旱型油菜,就是王院士精心推荐的。这个品种具有菜用、饲用、肥用等多种功能,综合效益非常高。"刘影说,这些年王院士一直支持着杨屯村的油菜发展,他当初播下的"金种子"已长成了"摇钱树"。

为确保油菜产业效益,杨屯村成立了村集体经济合作组织——天来农业种植有限公司,农户以土地入股,实行统一种植、统一销售和分户管理,有效促进稳定增收。村民窦巧富家6亩地全种上了油菜。她说:"每亩收籽300多斤,每斤3块钱左右,加上国家政策补助,一亩地能收入1 500块钱。"

一花引来百花开。贾屯、郭屯、李各庄等邻村也开始种植油菜。2022年,安平县建设了以杨屯村为核心、辐射周边6个村庄3万余亩的乡村振兴示范区,带动全县油菜种植超过7万亩。石家庄、保定、辛集等地也有农民来杨屯"取经",购买油菜籽,发展油菜种植。

(三)造美景,花海变成"聚宝盆"

凉拌油菜、油菜炒鸡蛋、油菜馅饺子……走进杨屯村村民杨丁开的农家乐,他正忙着为客人们准备特色农家菜。

"现在是淡季,生意也还行。"杨丁介绍,到了油菜花盛花期,他家一天接待二三十桌客人,中午经常忙不过来。

每年4月，杨屯村的油菜花竞相绽放，金黄的田野美不胜收。2017年，他们开始举办油菜花节，至今已经举办七届，接待游客总量超过百万人次。2023年油菜花节异常火爆，吸引20余万人赏花游玩，各路商家也闻讯而至。仅场地租赁费一项，杨屯村就收入30多万元。

杨屯村坚持以花为媒、以花兴业，油菜花节内容形式不断创新。2021年3月，杨屯万亩花海景区获评国家AAA级旅游景区；2023年8月，杨屯村被评为2023年中国美丽休闲乡村。

油菜花节让杨屯人受益多多。刘万吉就是其中一位。他和30多位村民负责维持景区秩序，每人每天能挣60元。不少村民就地摆摊售卖笨鸡蛋、蜂蜜等土特产，带来可观收入。村民刘运宝开着一家小超市，2023年油菜花节最火的几天，平均每天收入3 000多元。大家尝到了甜头，希望一年四季都有游客来。"赏花经济"美了风景，醉了游人，富了百姓，更坚定了刘影深入发展乡村旅游的信心。为了延长产业链，杨屯村探索"赏花+"模式，新建草莓采摘基地，打造动植物科普园、人面桃花园、古地洞等景点，研究特色油菜宴，推出时尚民宿和美食木屋，形成了集产、学、研、游于一体的乡村旅游景区。

杨屯乡村振兴示范区智能温室大棚里，一排排钢架上，上层种草莓，中层种四季海棠，下层种多肉植物，可以为游客提供采摘、观赏等多种体验。这几天，工人们正加紧给草莓疏花除草。一簇簇幼苗长势喜人，草莓有望春节前上市。

"这样一来，杨屯村民的'旅游饭'就不仅仅局限于油菜花盛开那一个月了，而是一年四季都有看点、有玩儿头。"刘影高兴地说。

(四) 强产业，不断延长"增收链"

"油菜叶经脱水深加工，制成蔬菜料包，市场反响不错。"

走进杨屯村脱水蔬菜加工车间，村党支部副书记王新洞介绍，他们新上的设备处于试生产阶段。正式投入运行后，日均加工鲜菜70余吨，生产干菜8吨左右。

油菜为秋季播种，上冻前可采摘叶和茎加工成脱水菜，翌年开春油菜薹也能搬上餐桌，实现"一茬多收"。

一株油菜可以"长"出多种产品，杨屯人整天琢磨着把全身是宝的油菜"吃干榨净"，既想一产里刨"金"，也想二三产里摘"银"。为此，他们建起精深加工车间，不断提升油菜附加值，让更多村民实现了家门口就业。

村民李彦宝家种着6亩油菜。每年油菜一收完，他就到榨油厂上班，日工资能达到150元。与李彦宝一起进厂打工的村民还有40多人，每人年均增收一两万元。

"产业链越长，群众收入就越多。"刘影表示，最初只知道种油菜卖菜籽，现在不一样了，油菜花蜜、油菜花茶俏销市场，油菜籽加工增值，茎、叶、薹价值延伸，油菜花节打响名气……杨屯人越干越有劲。

在杨屯村规划展厅，刘影拿起一瓶油菜花酒介绍，这个新研发的产品很快就会批量上市。此外，油菜花饼干、油菜辣酱等多种相关衍生品也在加紧研制中，明年将陆续推向市场。他掰着手指头算了一笔账：一亩油菜从生长到收获，可以有多重收入。仅菜籽一项就有千元左右，正在探索的茎、叶、薹等综合利用，规模化生产后也可达到千元，再加上旅游及其他衍生品，经济效益将更为可观。

"有了好产品，还要有响亮的品牌，才能在市场竞争中取得更大优势。"刘影表示，他们打算立足产业特色，打造品牌效应，让"杨屯油菜花"走进更多人的视野，创造更大的价值。

菜—花—蜜—茶—油—酒—游……一粒油菜籽破土而出，多个新业态茁壮成长。如今,杨屯村油菜产业链条越来越长,而且还在不断升级、增值,带动群众持续增收。

二、打造油菜"田间到舌尖"全产业链

2022年,安徽省安庆市望江县50.3万亩油菜喜获丰收,雷池大地处处飘着菜油香。望江县油菜籽总产8万吨,产值4.96亿元,产销两旺。2022年的中央一号文件提出,大力实施大豆和油料产能提升工程。作为安徽省油菜种植面积第一大县、全国油料生产大县,望江县把油料产业确定为"一县一业"主导产业。通过实施全区域布局、全价值链发掘、全产业链开发,望江县充分挖掘油菜的油用、花用、菜用、蜜用等多种功能,促进一二三产业融合发展,打造健康食用油生产基地。从田间到舌尖,望江正由油菜生产大县向油菜产业强县迈进。

(一)新品种新技术促油菜丰收

"2022年油菜获得了大丰收,每亩收获菜籽330多斤,我种220亩油菜纯赚了16万元。"2022年6月7日,在望江县太慈镇郭河村,种粮大户江敦应高兴地对记者说。

江敦应种了十多年粮食,现承包400亩田,但种油菜还是头一回。"我承包的田地势低洼,雨水一多,就渍水严重,种午季作物风险大,秋收之后就闲置成了冬闲田。"江敦应说,2021年,太慈镇农技站站长杨帆向他推荐在冬闲田扩种油菜,还有资金补贴。在农技人员的全程指导下,他试种了220亩,2022年5月中旬油菜成熟了,共收获了7万多斤油菜籽。油菜之后种水稻,2022年收入能突破30万元。

同样沉浸在丰收喜悦中的还有雷池乡雷池村的种粮大户王健。王健2021年种植油菜150亩,2022年收割时亩产油菜籽340多斤,收入9万多元。

王健的油菜田是望江县油菜绿色高质高效示范基地,他种植的是高油高产两用型油菜新品种,采用的是无人机播种、无人机飞防、机械收割,全程机械化操作,省时又省力。

近3年来,望江县实施全国油菜绿色高质高效行动项目,建立示范区5.8万亩,以油菜优质化、轻简化栽培和多功能开发为核心,大力推行统一种植品种、统一肥水管理、统一病虫防控、统一技术指导、统一机械作业,辐射带动效益明显。

"2022年我县油菜生产再获丰收,油菜籽生产总体呈面积增、单产增、总产增趋势。"望江县种植业技术推广中心粮油站站长张琦介绍,通过实施油菜绿色高质高效创建项目、冬闲田扩种油菜项目以及冬种油菜项目,望江县油菜种植面积达50.3万亩,2022年平均亩产油菜籽164.38千克,总产8万余吨,产值4.96亿元,较2021年同期均有增长。

(二)打造健康食用油生产基地

油菜从种植到成为菜籽油再到餐桌,是一条完整的产业链条。油菜不仅要种得好,更要产出优质菜油。

走进太慈镇新岭村植物油加工基地,还未进门就闻到了浓郁的菜油香。车间内,机器轰鸣,油菜籽从进料口进入,经过深度精选、微波提质、低温压榨和物理精炼等工序后,进入油库沉淀15~20天,再灌装入桶。偌大的生产车间,只看到一名工人来回走动。

"我们这是全自动化生产线,是从中国农业科学院油料作物研究所引进的7D功能型菜籽油产地加工技术设备,2条生产线,日产7D功能型菜籽油20吨。"新岭村党总支书记沈的南介绍,加工厂是整合各类项目资金所建,占地15亩,2022年5月中旬投产,目前是试生产阶段,日生产菜籽油2吨,配套的油菜烘干厂正在建设中。

第十章 油菜种植模式与产业发展案例

"和传统制油技术相比,7D工艺技术加工出的菜籽油味道更香,营养更好,实现了油菜籽的安全、营养、低耗、高效及高值化加工。"望江县种植业技术推广中心粮油首席专家陶友武说,这是望江县第二家7D功能型菜籽油加工企业。

望江作为传统的油菜生产大县,油菜种植历史悠久,农技推广力度大,种植水平高,油菜常年种植面积稳定在50万亩左右,年产油菜籽7万~8万吨,但70%~80%的菜籽都流向了外地。望江县虽有大小油料加工企业230多家,但是规模和影响力都相对较小,产品精深加工不够。

2019年,望江从中国农业科学院油料作物研究所引进7D功能型菜籽油产地加工技术装备,建立了安徽省首家7D功能型菜籽油加工厂——安徽中望农业科技发展有限公司。日产7D功能型菜籽油5吨,实现了加工工艺标准化、设备成套化、生产控制自动化。

"油料加工是促进望江油料产业突破性发展的关键之所在,我们将通过引进菜籽油绿色制造工艺技术,在菜籽精深加工、菜籽饼粕利用、菜籽油饮品等方面有所突破,积极开发独具望江特色的新产品,打造高端食用菜籽油品牌。"陶友武说。

(三)油菜多功能开发增效益

既能榨油,又能吃菜,还能赏花,顺便采蜜,在望江县,种下一棵油菜,能收获的不只有菜籽油,还有油菜薹、蜂蜜、旅游等收入。

"2022年春季,我们卖了几万斤油菜薹,主供县内市场,大家的接受度很高。"在中棉所长江科研中心,2021年试验示范种植的杂交油菜薹新品种'硒滋圆1号'和'硒滋圆2号'取得了良好收益,中国农业科学院棉花研究所长江科研中心副主任周克海粗略计算了下收益:"2022年春季采摘了3次菜薹,每亩采收3 000余斤,亩收益4 500元;机收每亩收获菜籽348斤,亩收益1 044元,效益非常可观。"

近年来,望江县以中国农业科学院棉花研究所长江科研中心综合实验基地为核心,开展"菜油两用"及高端蔬菜专用品种试验示范,以科技力量推动油菜产业高质量发展。2018年望江县开始示范油菜"菜油两用"栽培模式,品种选用'中油杂19',亩产菜薹600~1 000斤,油菜籽产量320~360斤,每亩产值1 500~2 000元。目前,'中油杂19'在望江县的种植面积已达7万余亩,并在蔬菜产业重点村——杨湾镇丰乐村整村推进,"菜用"种植面积达2 000亩。

同时,油菜的"蜜用""花用"也在稳步推进中。望江县现有养蜂专业合作社3家、发展蜂群约1.3万余箱,每年生产各种蜂蜜600多吨;望江县2021年举办的第五届油菜花系列赏游活动,吸引游客30余万人次,实现旅游综合收入3亿元。

三、"小油菜"撬动"大产业"

近年来,贵州省毕节市金沙县以"稳面积、优品种、提效益"为目标,科学规划"两山两坝"种植布局,在平坝镇、茶园镇等8个乡镇打造万亩连片示范基地,推广'油研2020''黔油28号'等高产抗病新品种,实现良种覆盖率100%。通过"统一供种、统一技术"模式,全县油菜种植面积稳定在25万亩以上,年产油菜籽3.9万吨,成为贵州高原"金色产业带"的重要一环。

金沙县农业农村局高级农艺师王先刚告诉记者:"我们积极引入优质油菜新品种,推广农机与农艺融合配套技术,探索油菜扩面提质增效新路径,不断为提升油菜产业科技含量和综合效益提供创新动能。"

(一) 从"单一种植"到"三产融合"

金沙县油菜种植面积逐年增长，从 2021 年的 18.04 万亩扩种到 2025 年的 25.03 万亩，增长 38.74%。在箐口社区示范基地，油菜亩产达 171.82 千克，较传统模式增产 13.88%。目前，全县良种覆盖率达 100%，并建成日处理 100 吨的菜籽油精深加工生产线。

(二) 一朵花的"七十二变"

油菜的多功能开发更激活了"美丽经济"。平坝镇同心共享田园依托连片花海发展农旅融合，开展金沙县第一届油菜花节，灿烂的油菜花海与多彩的特色产业、亲子游乐激情碰撞。油菜花在平坝镇不仅是观赏性花卉，更是撬动特色产业发展、助力农民增收的有力杠杆。在油菜花节现场，熙熙攘攘的农夫市集和农特产品展销区，各类乡土好物琳琅满目，散发着诱人魅力。

平坝镇农业服务中心主任姚山山表示："我们通过免费发放油菜种子和肥料，减少农户投入，提高他们种植积极性。2025 年有 1 400 余户农户种植油菜，较去年新增种植 500 亩，已带动全镇 10 余家小榨油作坊发展特色加工。同时，2025 年在平坝镇成功举办油菜花节，共接待游客 1 万余人次，带动周边农户增收的同时，促进了农旅融合发展。"

(三) "三金模式"让农户腰包鼓起来

县里创新"订单农业+二次分红"机制，2023 年累计分红 870 万元。针对小农户，全县 80 余家榨油坊提供代加工服务，带动 200 多户年均增收 5 000 元。为实现油菜高产，我县推广无人机播种、绿色防控等技术。通过"企业+合作社+农户"组织方式，金沙油菜产业已带动 2.1 万户农户户均增收 3 200 元。

"我们依托国家油菜产业技术体系和贵州省油菜产业技术体系平台，积极探索和研究油菜种植新技术、新模式，切实提升油菜种植的科技水平。我们探索的油菜浅耕"双飞三适"艺机一体化技术，通过轻简化、智能化栽培，有效减少投入成本，提高种植效益。"王先刚说。

从"小油菜"到"大产业"，我县用科学布局打破"县域产业小而散"的困局，并积极申报"金沙菜籽油"地理标志保护产品，打造"金沙菜籽油"区域公共品牌和名特优新农产品，致力于补齐金沙县油菜产业高质高效发展短板，预计2025年全县油菜综合产值预计突破10亿元，真正实现"一朵花"富一方人。

四、"颜值"变"产值"，探索一朵油菜花的"经济密钥"

阳春三月，清晨的空气中还带着一丝寒意，四川省绵阳市游仙区魏城镇铁炉村的油菜花田里却早早地热闹开了，随着该区第五届油菜花节开幕，五彩的花海吸引了越来越多的游客前来拍照打卡。这片花海带动了当地旅游经济的发展，成为乡村振兴的新引擎。

(一) 农耕智慧，播种大地艺术引客潮

从一粒种子到万亩花海，魏城镇依托高标准农田建设，创新推行"粮油轮作"模式，在稳面积、扩产能、提质效上聚力加力，既保障了粮油安全，又打造了美丽景观带。

据了解，该镇油菜种植面积稳定在4.2万亩以上，亩产203.5千克，高于区域内同类作物平均水平的3.3%，且呈现连片趋势。规模化的种植使得每到花期，这里便成为一片金色的海洋。

在田间管理上，引入机械化规范管理理念，大力支持农业社会化服务的发展，采用大型旋耕机、植保无人机等现代农业机械作业，使全镇油菜种植机械化率达90%以上。定期邀请农技专家为油菜种植"出谋划策"，探索出"花—油—肥"循环模式，实现菜花可赏，菜薹可吃，油枯秸秆还田，从种植到收获，精耕一朵油菜花的一生，变单一收益为多重效益。

同时，为进一步挖掘油菜产业的经济价值，魏城镇在农科院的指导下在铁炉村种植了40余亩彩色油菜花。"这些彩色油菜花是农业专家通过杂交技术培育而成，在提升观赏价值的同时保留了油菜花的生态功能，这不仅是视觉上的突破，更是农业科技发展的缩影。"魏城镇相关负责人介绍，"我们利用高标准农田核心区观景点打造彩色油菜花基地，就是要把农业与乡村旅游结合起来。"

(二) 企业引领，拓展产业发展新空间

在油菜生产基地里，四川达谷威农业、四川浩东食品等龙头企业充分发挥引领作用，进一步带动做强粮油深加工。

"魏城粮油现代园区是我们川之味重要的粮油生产供应基地之一，这里生产出的油菜籽具有产量高、出油率高、品质好的优点。加上我们沿用的非遗古法木榨工艺，开发出的'守心谷'古木榨菜籽油专项产品香味浓郁、口感极佳，颇受市场好评。"浩东食品负责人介绍道。

为解决粮油仓储问题，当地还建成粮油仓库2座，仓储容量共计2万余吨，烘干塔2座，日烘干量600吨，年烘干能力可达到12万吨，全面解决游仙及周边县区农民和种粮大户"晾晒难""存放难"问题。此外，达谷威农业还在绣山村选用1 200亩田地作为种植基地，通过种子选育、测土配肥、定制植保等示范实验推广先进种植技术，充分释放土地活力。

有了龙头加工企业带动，有效促进了油菜种植产业发展。通过实行统一品种、规模化生产、标准化管理的生产经营模式，企业以高于普通粮油产品收购价格3%以上的价格收购粮油作物，可为农户亩均增收50元左右，从而推动订单农业发展。

(三) 多元业态，点燃乡村增收新引擎

魏城镇通过开发新业态、构建新模式，探索出一条"农业+文旅+生态"融合发展新路径。

在油菜花节主会场举办地铁炉村，各地的游客纷纷走进田野和村落，赏花游玩，品农家美食。村里的涂家湾农场、村里厨房等农家乐，高峰时平均每家日营业额近万元。银杏小院、鹧鸪啼等乡村主题民宿以及"飒野牧场""铁炉书院"等娱乐休闲场地的营业额也较平时增加好几倍。除了自发前往的游客，铁炉村与专业团队合作，打造以"农耕文化"为主题的研学基地，承接研学游、团队游、老年游等多种旅游形式，进一步丰富了铁炉村农文旅服务内容。

油菜花节的举办也为村民拓宽了增收渠道。在铁炉草市上，村民售卖的红薯干、土鸡蛋、野菜等原生态土特产火出圈，被抢购一空。

据不完全统计，本次活动预计吸引上万名游客前来，产生过百万元的经济效益。

魏城的"花经济"，仅仅是游仙区农旅融合发展的一个小小缩影。该区紧扣"农业+文旅+消费"产业链，以花为媒，延伸"赏花经济"价值链，用"颜值"带动产值，探索油菜花的美丽经济之路。

五、借鉴冬油菜高产案例　赋能乡村振兴新动力

近年来，陕西省宝鸡市岐山县雍川镇三家村驻村工作队坚持因地制宜，积极探索产业发展新方向，秉持谋划"早"、种得"巧"、服务"好"理念，外出学习油菜种植技术，探索"油菜+水果玉米"轮作种植模式，为村民寻找一条可持续增收的致富之路。

第十章 油菜种植模式与产业发展案例

（一）谋发展，外出"取经"

为了找到适合本地种植的高效农作物组合，工作队多次奔赴杨凌农科城，学习先进农业技术及种植经验。同时，赴枣林镇范家塬村，通过与村种植大户交流学习，详细了解油菜和水果玉米轮作种植过程中的每一个细节，从选种、播种到田间管理、病虫害防治，再到收获后的销售渠道，都一一记录整理，为后续的实践积累了宝贵的第一手信息。

（二）聚合力，示范推广

驻村工作队与三家村村两委走村入户，深入田间地头，向村民宣传冬油菜种植优势和市场前景，协调解决土地流转等问题，发挥种植大户示范带动作用，推广优良品种'秦优1618'，辐射带动周边群众种植积极性，目前全镇种植面积380亩。"2025年我们工作队带动邻村种植大户试种了280亩，菜籽用于榨油每斤卖4元钱，留种每斤至少能卖6元钱，而且油菜根系能够疏松土壤，增加土壤肥力，为后续水果玉米的生长创造良好条件，两者轮作，充分利用了土地资源和季节优势，提高了土地的复种指数，有效增加了单位面积的产出效益，并减少了病虫害的发生概率，降低了农业生产成本。"三家村驻村第一书记徐育兵介绍道。

（三）优服务，技术共享

驻村工作队组织村民现场观摩学习，从最初的怀疑到亲眼见证轮作模式带来的丰收景象，村民们的态度逐渐发生转变。工作队趁热打铁，为村民联系种子、化肥等农资支持，邀请农技专家深入田间进行"一对一""点对点"跟踪指导，解决村民种植过程中遇到的各种问题。"我们工作队将持续开展免费的专业技术培训，欢迎各位村民前来学习！"三家村工作队成员介绍道。

参考文献

陈凤祥, 2024. 油菜优质高效栽培技术[M]. 合肥: 安徽科学技术出版社.

何永梅, 张有民, 王迪轩, 2020. 油菜优质高产问答[M]. 2版. 北京: 化学工业出版社.

贺才明, 谷云松, 2017. 油菜规模生产经营[M]. 北京: 中国农业科学技术出版社.

胡立勇, 蔡俊松, 徐正华, 等, 2019. 图说油菜生长异常及诊治[M]. 北京: 中国农业出版社.

李兰, 淳俊, 2020. 粮油作物基础知识问答[M]. 北京: 科学出版社.

李玮, 沈硕, 陈红雨, 2020. 经济作物栽培技术与病虫害防治[M]. 银川: 宁夏人民出版社.

廖庆喜, 2018. 油菜生产机械化技术[M]. 北京: 科学出版社.